U0239059

黑土区水蚀水土保持监测点技术手册

张大伟　钟云飞　编著

中国水利水电出版社
www.waterpub.com.cn
·北京·

内 容 提 要

水土保持工作是新时期生态文明建设工作中的一项重要内容，水土保持监测更是一项重要的基础性工作。随着水土保持监测站网逐步完善，水土保持监测点作为重要节点单元，在黑土地综合治理以及水土流失监测中发挥了重要的作用，提供了可靠的第一手监测数据。本书针对黑土区监测点降雨观测、径流小区设置及监测、小流域监测、植被盖度和土壤含水量监测、监测区作物测产、运行管理以及监测资料整编等方面，提出了可操作性的方法，系统整理了整编表格。

本书有针对性地对黑土区水蚀水土保持监测点技术进行系统的整理和总结，可为水土保持、生态、环境等方面的相关人员，特别是水土保持监测点一线人员提供参考，也可作为相关专业技术人员的培训教材。

图书在版编目（ＣＩＰ）数据

黑土区水蚀水土保持监测点技术手册 / 张大伟，钟云飞编著. -- 北京：中国水利水电出版社，2019.1
ISBN 978-7-5170-6950-8

Ⅰ．①黑… Ⅱ．①张… ②钟… Ⅲ．①黑土－水蚀－水土保持－监测－技术手册 Ⅳ．①S157-62

中国版本图书馆CIP数据核字(2018)第223900号

审图号：GS（2018）5008 号

书　　　名	黑土区水蚀水土保持监测点技术手册 HEITU QU SHUISHI SHUITU BAOCHI JIANCEDIAN JISHU SHOUCE
作　　　者	张大伟　钟云飞　编著
出版发行	中国水利水电出版社 （北京市海淀区玉渊潭南路 1 号 D 座　100038） 网址：www.waterpub.com.cn E - mail：sales@waterpub.com.cn 电话：（010）68367658（营销中心）
经　　　售	北京科水图书销售中心（零售） 电话：（010）88383994、63202643、68545874 全国各地新华书店和相关出版物销售网点
排　　　版	中国水利水电出版社微机排版中心
印　　　刷	天津嘉恒印务有限公司
规　　　格	170mm×240mm　16 开本　8 印张　148 千字
版　　　次	2019 年 1 月第 1 版　2019 年 1 月第 1 次印刷
印　　　数	0001—2000 册
定　　　价	58.00 元

本 书 编 委 会

本书编写人员

主　　编：张大伟　钟云飞

编写人员：钟云飞　韩　兴　刘建祥　高　远　巴丽敏
　　　　　姜艳艳　王　宇　常　诚　许　灵

参加人员：张延玲　范海峰　回莉君　李　丹　张　锋
　　　　　房　含

前　言

　　"生态文明建设""建设美丽中国""绿水青山就是金山银山"……新时期生态环境理念早已深入人心。黑土作为人类宝贵的自然资源，在生态文明建设的大环境中，具有极为重要的地位。我国黑土区地处东北，是我国重要的粮食生产基地和生态屏障。水土保持工作在黑土地综合治理、预防保护等方面发挥了重要的积极作用，水土保持监测工作是各项水土保持工作重要的数据来源，水土保持监测站点更是水土保持监测网络中的重要节点单元。做好水土保持监测工作，完善水土保持监测网络，不但是《中华人民共和国水土保持法》中明确要求，更是做好黑土区水土保持工作、保护黑土资源的重要基础性工作。

　　黑土区水土流失类型有水蚀、风蚀和冻融侵蚀，其中主要侵蚀类型是水蚀，约占黑土区水土流失面积的65%。目前黑土区已建成的水土保持监测站点中，约93%为水蚀监测点。本书结合近年"全国水土保持监测网络和信息系统建设二期工程"和"流域水土保持动态监测"工作中关于水蚀水土保持监测点相关内容，整理总结了黑土区水蚀水土保持监测点工作中遇到的相关问题，从监测点降雨观测、径流小区设置及监测、小流域监测、植被盖度和土壤含水量监测、监测区作物测产等方面提供了多种操作指导方法和要求，并对监测点的运行管理和监测资料整编提出了针对性的建议和方法，同时编制了系统的整编表格，以期为黑土区水土保持、生态、水文水资源和环境等领域在生产实践、管理和基础研究等方面提供参考。

　　本书在整理和反复推敲过程中，得到了松辽流域水土保持监测中心站和吉林农业大学等单位以及相关人员的大力支持，对此表示诚挚的感谢。

限于编者的知识水平和实践经验，书中存在的疏漏、不足以及缺点在所难免，恳请大家批评指正，以利于修订与改进。

编者

2018 年 6 月

目 录

前言

第1章 概述 ·· 1

1.1 监测目的 ··· 1

1.2 东北黑土区概况 ·· 1

1.3 东北黑土水土保持监测点情况 ··· 4

1.4 监测的主要内容 ·· 9

第2章 降雨观测 ·· 10

2.1 观测场地选择与雨量站（点）密度 ··· 10

2.1.1 场地选择与布设 ·· 10

2.1.2 流域雨量站（点）密度 ··· 11

2.2 仪器安装及校正 ·· 12

2.2.1 仪器安装基本要求 ··· 12

2.2.2 仪器校正 ··· 12

2.3 降雨量观测 ·· 13

2.3.1 量雨筒观测 ··· 13

2.3.2 自记雨量计（虹吸式）观测 ··· 14

2.4 降雨资料整理与计算 ·· 16

2.4.1 点雨量资料的整理内容与方法 ······································· 16

2.4.2 面雨量（小流域）资料的整理内容与方法 ························· 17

第3章 径流小区监测 ·· 20

3.1 径流小区概述 ··· 20

3.2 径流小区规划布设原则与基本要求 ··· 21

3.3 径流小区修建及设施布设 ·· 22

3.4 径流小区径流观测 ··· 25

3.5 径流小区泥沙测量与计算 ··· 28

    3.5.1 泥沙取样 ··· 28

    3.5.2 泥沙样品处理 ··· 28

    3.5.3 泥沙数值计算 ··· 29

第 4 章 小流域监测 ·· 33

  4.1 站址选择及量水建筑物 ·· 33

    4.1.1 巴塞尔量水槽 ··· 33

    4.1.2 薄壁量水堰 ··· 35

    4.1.3 三角形量水槽 ··· 38

    4.1.4 三角形剖面堰 ··· 39

  4.2 径流站水位观测与计算 ·· 40

    4.2.1 观测设备与方法 ··· 40

    4.2.2 水位计算 ··· 41

    4.2.3 水位资料插补 ··· 41

  4.3 泥沙观测 ·· 42

    4.3.1 悬移质观测 ··· 42

    4.3.2 推移质观测 ··· 42

  4.4 产沙量计算 ·· 43

    4.4.1 径流泥沙过程（悬移质）计算 ····································· 43

    4.4.2 逐日径流泥沙（悬移质）计算 ····································· 45

    4.4.3 逐次洪水径流泥沙（悬移质）计算 ································· 46

第 5 章 植被盖度和土壤含水量监测 ·· 49

  5.1 监测频次 ·· 49

  5.2 植被盖度监测 ·· 49

    5.2.1 植被盖度调查 ··· 49

    5.2.2 植被盖度计算 ··· 51

  5.3 土壤含水量监测 ·· 54

    5.3.1 土壤含水量监测方法 ··· 54

    5.3.2 土壤含水量计算 ··· 54

第 6 章 作物测产 ·· 55

  6.1 野外采样 ·· 55

  6.2 室内样本处理 ·· 55

  6.3 产量计算 ·· 56

第7章　监测点运行管理 ································· 58

7.1　组织管理 ··· 58

7.2　运行管理 ··· 59

7.3　技术管理 ··· 59

第8章　监测资料整汇编 ································· 61

8.1　整汇编目的、内容和要求 ························· 61

8.1.1　整汇编目的和内容 ······················· 61

8.1.2　整汇编要求 ····························· 61

8.2　径流小区监测资料整汇编 ························· 61

8.2.1　径流小区文字说明 ······················· 62

8.2.2　径流小区监测资料整编 ··················· 62

8.3　小流域控制站监测资料整汇编 ··················· 80

8.3.1　资料说明 ······························· 80

8.3.2　小流域控制站监测整编表 ················· 82

附录A　径流小区整编表 ······························· 96

附录B　小流域整编表 ································· 106

参考文献 ··· 116

第 1 章

概　　述

1.1　监测目的

水土保持监测是指对水土流失发生、发展、危害及水土保持效益进行长期的调查、观测和分析。水土保持监测点是全国水土保持监测网络的重要组成部分，是开展区域生态环境监测的重要基础性设施，是水土保持监测网络的神经末梢，承担着水土流失及其治理效果的试验观测、数据采集与整编、信息提取与分析等任务，为动态监测和水土保持公告提供了数据保障。

应用水土保持监测点的多年监测数据，可以建立土壤侵蚀模型，预报土壤流失量，预测水土流失动态变化趋势，对水土流失综合治理和生态环境建设宏观决策以及科学、合理、系统地布设水土保持各项措施具有重要意义。

1.2　东北黑土区概况

东北黑土区位于中国的东北部，广义的东北黑土区是指有黑色表土层分布的区域，主要土类包括黑土、黑钙土、草甸土、白浆土、暗棕壤和棕壤，总土地面积 103 万 km²。行政区包括辽宁省的大部（除朝阳市，锦州市的义县、凌海市的西部和葫芦岛市的建昌县和南票区），面积 12.29 万 km²；吉林省全部，面积 18.70 万 km²；黑龙江省全部，面积 45.25 万 km²；内蒙古自治区呼伦贝尔市东部、兴安盟和通辽市北部，面积 26.76 万 km²。东北黑土区资源丰富，是我国重要的能源、木材、煤炭、冶金、钢铁生产基地和重要的商品粮生产基地。东北黑土区位置见图 1.1。

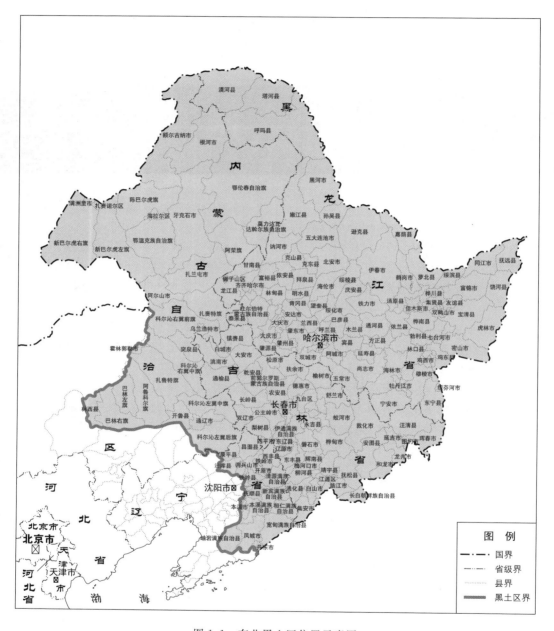

图 1.1 东北黑土区位置示意图

东北黑土区地貌类型有漫川漫岗区、低山丘陵区、中低山区、平原区。该区属于寒温带气候，气候干燥寒冷，降雨集中，多以暴雨形式出现，6—9月的降雨量占年降水量的70%左右。主要河流有松花江、辽河、黑龙江、乌苏里江、图们江、鸭绿江等。东北黑土区103万km²的面积中，耕地面积2139.89万hm²，占黑土区总面积的20.78%；林地面积5150.39万hm²，占总面积的50.00%；草地面积1144.17万hm²，占总面积的11.11%；果园面积82.58万hm²，占总面积的0.80%；荒山面积569.05万hm²，占总面积的5.52%；水域和其他面积1213.99万hm²，占总面积的11.79%。东北黑土区水土保持治理典型见图1.2。

（a）拜泉县水平梯田

（b）九三农场坡耕地

（c）克山县水平梯田

（d）阜新县水平梯田

图1.2　东北黑土区水土保持治理典型图

东北黑土区在20世纪大面积开发垦殖过程中，发生了严重的水土流失，主要表现在大面积坡耕地的黑土层流失和水土流失中形成的侵蚀沟。据调查，黑土区平均每年流失0.3～1.0cm厚的黑土表层，土壤有机质每年以1/1000的速度递减。由于多年严重水土流失，黑土区原本较厚的黑土层现在只剩下20～30cm，有的地方甚至已露出黄土母质，基本丧失了生产能力。东北黑土区坡耕地见图1.3。据测算，黑土地现有的部分耕地再经过40～50年的流失，黑土层将全部流失。

图 1.3　东北黑土区坡耕地

1.3　东北黑土区水土保持监测点情况

目前，东北黑土区水土保持监测站网基本形成，各级部门积极落实监测机构、管理人员和经费，开展了重点区域、流域和项目的监测工作，各监测站点主要在2010—2011年全国水土保持监测网络和信息系统建设二期工程时期实现的标准化批量建设，建成96个监测站点（其中利用水文站31个），已经覆盖流域内重点防治区，典型监测站（点）见图1.4，监测点和控制站统计分别见表1.1和表1.2。

表 1.1　　　　　　　　松辽流域水土保持监测点统计表

省份	编号	监测点名称	监测点坐标		行政区	监测点类型
			东经	北纬		
黑龙江	黑-1	克山县谷北小流域综合观测场	125°49′20″	48°03′20″	克山县	观测场
	黑-2	海伦市光荣坡面径流观测场	126°50′59″	47°20′51″	海伦市	控制站
	黑-3	海伦市光荣小流域控制站	126°50′06″	47°21′19″	海伦市	径流场
	黑-4	尚志市帽儿山坡面径流观测场	127°58′95″	45°28′04″	尚志市	径流场
	黑-5	宾县宾州小流域控制站	127°24′47″	45°44′57″	宾县	控制站
	黑-6	宾县宾州坡面径流观测场	127°24′48″	45°44′57″	宾县	径流场
	黑-7	海林市海南小流域控制站	129°27′13.60″	44°36′02.80″	海林市	控制站
	黑-8	海林市海南坡面径流观测场	129°27′13.61″	44°36′02.80″	海林市	径流场

续表

省份	编号	监测点名称	监测点坐标		行政区	监测点类型
			东经	北纬		
黑龙江	黑-9	牡丹江市北安坡面径流观测场	129°35′30″	44°38′24″	牡丹江市	径流场
	黑-10	牡丹江市北安小流域控制站	129°35′30″	44°38′24″	牡丹江市	控制站
	黑-11	鹤岗市五号水库坡面径流观测场	130°06′54.9″	47°20′15.4″	鹤岗市东山区	径流场
	黑-12	嫩江县长福坡面径流观测场	125°18′53.7″	49°10′47.2″	嫩江县	径流场
	黑-13	伊春市乌马河坡面径流观测场	128°48′50″	47°41′51″	伊春市乌马河区	径流场
	黑-14	齐齐哈尔市卧牛吐（1）风蚀观测场	125°52′14″	47°19′50″	齐齐哈尔市梅丽斯区	风蚀监测点
	黑-15	齐齐哈尔市卧牛吐（2）风蚀观测场	125°52′16″	47°19′49″	齐齐哈尔市梅丽斯区	风蚀监测点
	黑-16	漠河县前哨林场冻融侵蚀观测场	122°21′42″	53°02′45″	漠河县	冻融监测点
吉林	吉-1	榆树市合心小流域控制站	126°11′00″	44°43′00″	榆树市	控制站
	吉-2	长春市邵家沟坡面径流观测场	125°44′00″	43°53′00″	长春市二道区	径流场
	吉-3	德惠市张家沟小流域控制站	125°49′00″	44°43′00″	德惠市	控制站
	吉-4	吉林市二道坡面径流观测场	126°27′00″	43°43′00″	吉林市丰满区	径流场
	吉-5	桦甸市小城子坡面径流观测场	126°48′00″	43°57′00″	桦甸市	径流场
	吉-6	桦甸市小城子南沟小流域控制站	126°48′00″	43°57′00″	桦甸市	控制站
	吉-7	长春市青沟坡面径流观测场	125°24′00″	43°48′00″	长春市南关区	径流场
	吉-8	公主岭市和平小流域控制站	124°47′00″	43°18′00″	公主岭市	控制站
	吉-9	伊通县刘家屯坡面径流观测场	125°12′00″	44°35′00″	伊通县	径流场
	吉-10	东辽县杏木坡面径流观测场	125°24′00″	43°01′00″	东辽县	径流场
	吉-11	东辽县杨木坡面径流观测场	125°18′00″	42°55′00″	东辽县	径流场
	吉-12	通化市下太平沟坡面径流观测场	126°06′00″	41°34′00″	通化市东昌区	径流场
	吉-13	梅河口市吉兴小流域综合观测站	125°29′00″	41°34′00″	梅河口市	观测场
	吉-14	白山市青沟子坡面径流观测场	126°23′00″	41°56′00″	八道江区	径流场
	吉-15	图们市广济坡面径流观测场	129°33′00″	42°51′00″	图们市	径流场
	吉-16	敦化市万福坡面径流观测场	128°14′00″	43°18′00″	敦化市	径流场
	吉-17	前郭县深井子风蚀观测场点	124°30′00″	44°48′00″	前郭县	风蚀监测点
	吉-18	白城市大房风蚀观测场	122°37′00″	45°49′00″	白城市洮北区	风蚀监测点
	吉-19	通榆县安其海风蚀观测场	123°08′00″	44°39′00″	通榆县	风蚀监测点

省份	编号	监测点名称	监测点坐标		行政区	监测点类型
			东经	北纬		
辽宁	辽-1	朝阳县东大道小流域综合观测站	120°01′00″	41°26′00″	朝阳县	观测场
	辽-2	朝阳市骆驼山坡面径流观测场	120°35′00″	41°34′00″	朝阳市双塔区	径流场
	辽-3	阜新县二道岭坡面径流观测场	121°48′10″	41°51′20″	阜新县	径流场
	辽-4	营口红旗坡面径流观测场	122°11′40″	40°11′05″	鲅鱼圈市	径流场
	辽-5	海城市八里乡示范场坡面径流观测场	122°44′32″	40°45′05″	海城市	径流场
	辽-6	西丰县泉河小流域控制站	124°56′13″	42°42′38″	铁岭市	控制站
	辽-7	大连市革镇堡坡面径流观测场	121°33′02″	39°02′27″	大连市	径流场
	辽-8	锦州市巧鸟坡面径流观测场	121°04′22″	41°00′22″	南站新区	径流场
	辽-9	凌海市兴隆坡面径流观测场	121°33′59″	41°21′50″	凌海市	径流场
	辽-10	沈阳市马官桥坡面径流观测场	123°42′00″	41°13′00″	沈阳市东陵区	径流场
	辽-11	辽阳县祁家坡面径流观测场	123°06′48″	40°52′51″	辽阳县	径流场
	辽-12	抚顺县救兵坡面径流观测场	123°59′00″	41°53′00″	抚顺县	径流场
	辽-13	清原县龙王庙坡面径流观测场	124°59′00″	42°36′00″	清原县	径流场
	辽-14	新宾县北四平坡面径流观测场	125°11′26″	41°49′55″	新宾县	径流场
	辽-15	岫岩县兴隆坡面径流观测场	123°21′45″	40°20′50″	岫岩县	径流场
	辽-16	明山区高家店坡面径流观测场	125°23′00″	41°28′00″	本溪县	径流场
	辽-17	宽甸县河口坡面径流观测场	124°53′13″	40°28′32″	宽甸县	径流场
	辽-18	鞍山市摩云山坡面径流观测场	123°02′44″	40°58′13″	千山区	径流场
	辽-19	兴城市朗月坡面径流观测场	120°35′51″	40°40′59″	兴城市	径流场
	辽-20	彰武县阿尔乡风蚀观测场	122°22′00″	42°49′00″	彰武县	风蚀监测点
内蒙古	蒙-1	宁城县朝阳山坡面径流观测场	118°52′15″	41°28′24″	宁城县	径流场
	蒙-2	宁城县朝阳山小流域控制站	118°53′20″	41°26′54″	宁城县	控制站
	蒙-3	扎鲁特旗沙子山坡面径流监测点	120°18′16″	44°35′48″	扎鲁特旗	径流场
	蒙-4	奈曼旗小井小流域综合观测站	121°05′07″	42°22′56″	奈曼旗	观测场
	蒙-5	库伦旗巴尔敦沟坡面径流观测场	121°39′17″	42°42′08″	库伦旗	径流场
	蒙-6	突泉县宝龙小流域控制站	120°59′00″	45°48′00″	突泉县	控制站
	蒙-7	突泉县宝龙坡面径流观测场	120°59′00″	45°48′00″	突泉县	径流场
	蒙-8	扎兰屯市五一坡面径流观测场	122°44′00″	47°55′00″	扎兰屯市	径流场
	蒙-9	扎兰屯市五一小流域控制站	122°44′00″	47°55′00″	扎兰屯市	控制站
	蒙-10	牙克石市免渡河坡面径流观测场	121°03′32″	49°06′24″	牙克什市	径流场

表 1.2　　　　松辽流域水土保持小流域控制站（水文站）统计表

省份	编号	水文站名称	东经	北纬	流域	河流	所在市(县)	所在乡镇、村
辽宁	辽-21	大城子水文观测站	119°47′00″	41°07′00″	辽河	大凌河	喀喇沁左翼县	大城子镇小河湾村
	辽-22	叶柏寿水文观测站	119°38′00″	41°24′00″	辽河	牤牛河	建平县	叶柏寿镇西街
	辽-23	朝阳水文观测站	120°27′00″	41°32′00″	辽河	大凌河	朝阳市双塔区	八里堡乡中山营子村
	辽-24	义县水文观测站	121°14′00″	41°33′00″	辽河	大凌河	义县	义州镇东北街
	辽-25	凌海水文观测站	121°22′00″	41°11′00″	辽河	大凌河	凌海市	大凌河镇大凌河街
	辽-26	彰武水文观测站	122°31′00″	42°22′00″	辽河	柳河	彰武县	城郊乡建华村
	辽-27	新民水文观测站	122°46′00″	41°58′00″	辽河	柳河	新民市	新民镇西街
	辽-28	马虎山水文观测站	123°12′00″	42°09′00″	辽河	辽河	新民市	陶屯乡乌尔汗村
	辽-29	六间房水文观测站	122°32′00″	41°17′00″	辽河	辽河	台安县	新开河镇张荒村
	辽-30	北口前水文观测站	124°36′00″	42°00′00″	辽河	浑河	清原县	南口前镇北口前村
吉林	吉-20	高丽城子水文观测站	127°14′00″	42°21′00″	黑龙江	头道松花江	抚松县	榆树川乡
	吉-21	十屋水文观测站	124°12′00″	43°45′00″	辽河	小辽河	公主岭市	桑树台镇
	吉-22	梨树水文观测站	124°20′00″	43°21′00″	辽河	招苏台河	梨树县	梨树镇
	吉-23	榆树川水文观测站	129°05′00″	42°59′00″	黑龙江	布尔哈通河	安图县	石门镇榆树川
	吉-24	五道沟水文观测站	126°38′00″	42°53′00″	黑龙江	辉发河	桦甸市	桦郊乡五道沟村
	吉-25	浮家桥水文观测站	126°01′00″	44°32′00″	黑龙江	沐石河	德惠市	五台乡
黑龙江	黑-17	依安大桥水文观测站	125°18′29″	47°52′25″	黑龙江	乌裕尔河	依安县	依安镇光芒村
	黑-18	海北水文观测站	126°48′47″	47°44′21″	黑龙江	呼兰河	北安	兴东良种场
	黑-19	汤旺河伊新水文观测站	128°56′06″	47°43′00″	黑龙江	汤旺河	伊春市	伊春区
	黑-20	牡丹江水文观测站	129°34′18″	44°32′41″	黑龙江	牡丹江	牡丹江市	兴隆镇
	黑-21	长江屯水文观测站	129°35′30″	45°59′25″	黑龙江	牡丹江	依兰县	江湾镇长江村
	黑-22	哈尔滨水文观测站	126°35′33″	45°46′08″	黑龙江	松花江	哈尔滨市	道里区河干街
	黑-23	延寿水文观测站	128°21′25″	45°26′51″	黑龙江	蚂蚁河	延寿县	延寿镇南关村
	黑-24	呼玛河固其故水文观测站	123°40′12″	52°07′05″	黑龙江	呼玛河	大兴安岭	呼中区碧水镇

省份	编号	水文站名称	东经	北纬	流域	河流	所在市（县）	所在乡镇、村
内蒙古	蒙-37	兴隆水文观测站	119°26′00″	42°19′00″	松辽	老哈河	赤峰市元宝山区	风水沟镇庄头营子村
	蒙-38	海拉尔（三）水文观测站	119°45′00″	49°12′00″	松辽	伊敏河	呼伦贝尔市海拉尔区	呼伦贝尔市
	蒙-39	台河口（西五）水文观测站	120°26′00″	43°23′00″	松辽	西拉木伦河	开鲁县	麦新镇五间村
	蒙-40	牙克什（三）水文观测站	120°40′00″	49°20′00″	松辽	海拉尔河	牙克石市	免渡河镇
	蒙-41	梅林庙（二）水文观测站	120°54′00″	43°59′00″	松辽	乌力吉木仁河	扎鲁特旗	乌力吉木仁苏木
	蒙-42	大石寨（四）水文观测站	121°21′00″	46°17′00″	松辽	归流河	科右前旗	大石寨镇芒罕屯
	蒙-43	扎兰屯（四）水文观测站	122°44′00″	48°01′00″	松辽	雅鲁河	扎兰屯市	卧牛镇

（a）阜蒙县二道岭小流域径流场

（b）宾县孙家沟小流域径流场

（c）海伦市光荣小流域径流场

（d）吉林省五道沟水文站

图 1.4　松辽流域水土保持典型监测站（点）

1.4 监测的主要内容

各监测点监测的内容有土壤侵蚀、土壤流失量、降雨量、径流量、含沙量、植被盖度（覆盖度）、土壤含水量等指标。

土壤侵蚀：在水力、风力、冻融、重力等自然营力和人类活动作用下，土壤或其他地面组成物质被破坏、剥蚀、搬运和沉积的过程。本书中主要针对水力侵蚀监测做深入剖析，其他营力造成的侵蚀，并未说明。

土壤流失量：土壤被移出一个特定坡面或田块的数量，用 t 表示总量，或用 t/km^2 表示土壤侵蚀模数。径流小区通常观测的就是土壤流失量。

土壤侵蚀强度：以单位面积和单位时段内产生的土壤流失量为指标划分的土壤侵蚀强弱等级。

降雨量：一定时间内降落到某一面积上的雨量，指某一时段内未经蒸发、渗透、流失的降雨在水平面上累积的水层深度，单位为 mm。

降雨历时：一次降雨开始到降雨结束所经历的时间，用 h、min 表示。

降雨强度：指单位时间内的降雨量，即降雨量与降雨历时的比值。

流量：指单位时间通过某一断面的水量（以体积计），单位为 m^3/s。

径流总量：某一时段内通过河流某一断面的总水量，单位为 m^3 或亿 m^3。

含沙量：指单位体积的浑水中所含的干沙的质量，单位为 kg/m^3 或 g/m^3。

输沙量：一定时段内，通过河流某一断面的泥沙量。用 t 表示输沙总量，用 t/km^2 表示输沙模数。

土壤含水量：土壤所含水分的数量，以百分比表示。分为重量含水量和体积含水量，重量含水量是水分重量占烘干土重量的百分比，体积含水量是自然状态下单位容积土壤内所含水分体积的百分比。

土壤容重：指单位体积原状土壤的质量，常用的单位为 g/cm^3。

土壤可蚀性：土壤对侵蚀的敏感性。在不同的土壤侵蚀模型中用不同的指标表示。土壤侵蚀经验模型通用土壤流失方程中，采用多年平均标准小区的单位降雨侵蚀力形成的土壤流失量表示。

植被盖度（覆盖度）：指植物地上部分的垂直投影面积占样地面积的百分比，反映植物占有水平空间的大小。

第 2 章

降 雨 观 测

在黑土区水力侵蚀区、径流小区和小流域控制站都需要设降雨观测站（点），在水土流失监测期（每年的5—10月）观测降雨量、降雨强度、降雨过程，观测数据要连续、完整，在非流失期可不观测降雨（必要时借用气象站资料），或仅测定降水量。

2.1 观测场地选择与雨量站（点）密度

2.1.1 场地选择与布设

降雨观测受周围环境影响很大，观测场地应避开强风区，建在周围空旷、平坦的地方，雨量站附近不得有树木、建筑物等可能对观测数据造成影响的障碍物。在丘陵、山区，观测场不宜设在陡坡上或峡谷内，尽量选择相对平坦的场地，并使仪器口至山顶的仰角不大于30°。雨量站（点）选址还应考虑交通条件，保证观测及维护方便。

径流小区设置的雨量站，距离径流小区不应超过100m；若径流小区分散，可增加观测设备。雨量站（点）至少需有1台自记雨量计和1个量雨筒，以便对观测数据进行分析校正。

小流域控制站设置的雨量站，选址要求地形及高程变化较小，地形变化单一区域，可以参考居民点均匀布设。当地形及高程变化大，地面起伏剧烈时，可选典型地段布设，并尽量布设均匀。

观测场确定后，应加平整，地面种植牧草（草高不超过15cm），四周设栏保护，防止人畜破坏。雨量观测场设备布置及自动气象站见图2.1和图2.2。安装1台仪器的场地面积不小于16m²（4m×4m），安装2台仪器的场地面积不小于24m²（4m×6m）。

图 2.1 雨量观测场设备布置图

图 2.2 自动气象站

2.1.2 流域雨量站（点）密度

流域雨量站（点）的数量受流域面积、形状和地形变化大小制约，也随降雨观测服务的目的而变。一般面积大、形状变化大，地形复杂的流域，雨量站（点）密度要大；相反，雨量站（点）密度可稀些。重点流域要研究暴雨量-面-深的关系及暴雨中心、频率、雨型和气团活动对水土流失的影响等，雨量站（点）密度要大；仅反映降雨量和产流量的关系，雨量站（点）密度可稀些。

我国小流域雨量观测，一般 1km² 至少应有 1 个雨量点。在水土流失较严重的重点流域或地形复杂的流域，雨量站（点）布设见表 2.1。

表 2.1	流域基本雨量站（点）布设			
流域面积/km²	<0.2	0.2～0.5	0.5～2.0	2.0～5.0
雨量站（点）数量/个	2～5	3～6	4～7	5～8

2.2　仪器安装及校正

2.2.1　仪器安装基本要求

　　雨量筒是常用的降雨观测装置，它只能测定一次降雨的总量，一般安装在有人驻守的雨量站（点）上。雨量筒结构简单，通常无需校正，但因出厂运输或其他原因，可能会出现承雨口变形、筒内壁凸凹不光滑、漏斗接触不良、储水瓶破坏等情况，应定期检修或更换。降雨受多因素影响，在垂直高度上分布不一，因此，我国规定量雨筒安装高度为承雨口至地面高 0.7m，且保持器口水平，三脚架深入地面以下要牢固，防止被风吹倒。

　　常用的自记雨量计为虹吸式（图 2.3）和翻斗式（图 2.4）两种，它可记录降水过程及雨量变化，需要观测人员经常检查、换纸、加墨水等，因而常安装在径流场（站）。它的安装高度为 0.7m 或 1.2m。为保持安装稳定、牢靠，应在仪器底部埋设基桩或混凝土（砖）块，并将三条拉线拉紧埋实，注意保证器口水平（用水平尺检查）。

图 2.3　虹吸式自记雨量计　　　　　图 2.4　翻斗式自记雨量计

2.2.2　仪器校正

2.2.2.1　雨量器的基本技术要求

　　（1）雨量器和自记雨量计的承雨口内径为 200mm，允许误差不超过

0.6mm，面积为 $314.16cm^2$。

（2）自记雨量计量测精度相对误差计算式为

$$\delta = \frac{W_r - W_d}{W_d} \times 100\% \qquad (2.1)$$

式中　δ——测量误差，%；

　　　W_r——仪器记录水量，mm；

　　　W_d——仪器排出水量，mm。

（3）量测精度要求：量测精度在较小降水量情况下，以绝对误差表示，超过 10mm 降水量，以相对误差表示。通常仪器的分辨率为 0.1mm 或 0.2mm，精度要求是：降水量等于 10mm 时，量测误差应为 ±2mm，最大不超过 4mm；降水量大于 10mm 时，量测误差应为 ±2%，最大不超过 ±4%。

（4）自记雨量计的运行时差：机械钟日差不超过 ±5min，石英钟不超过 ±1 min。记录笔应画线清晰、无断线现象，且记录调零机构操作方便、灵活，复零位误差不超过仪器分辨力的 1/2。

2.2.2.2　检查校正

按照上述基本要求，在仪器安装后须进行检查校正。一般量雨筒在仪器完整无变形的情况下可不校正，或加入一定量的水，量测雨量筒收集的水量，并作比较，计算误差。对自记雨量计，除检查时钟、记录笔等部件外，主要检查测量精度是否符合规定要求。

以虹吸式自记雨量计为例：用量雨杯（特制杯）量取 10mm 清水，分 10 次徐徐注入承雨口，每次 1mm，并记录下每次自记笔的记录值，当刚好注完 10mm 水时，虹吸应立即发生。重复 5 遍，将试验结果以累计加水量为纵坐标，相应记录值为横坐标，点绘成相关图。若相关线通过坐标原点，且与坐标轴成 45° 的直线，说明仪器无误。否则，应求出误差，进行维修或更换。最常见的故障是加完 10mm 水后不发生虹吸，或未加完 10mm 水提前发生虹吸，这是安装虹吸管（玻璃制品小心安装）有误造成的，应在旋转丝口时加黄油密封。

2.3　降雨量观测

2.3.1　量雨筒观测

2.3.1.1　观测时段及基本要求

（1）量雨筒每天观测的次数及其包含的时间称观测时段。水土保持部门多采用 2 时段和 4 时段观测，即每天 8 时和 20 时（2 时段）观测，或 2 时、8 时、

14 时、20 时（4 时段）观测，这是为满足研究的需要。若遇少雨或无雨天也可在 8 时观测一次。

（2）降雨结束后及时观测降雨量，防止蒸发损失以便提高观测精度。在记录降水量时，还应记录降雨起止时间。若观测时降雨未结束，则应带备用储水瓶换取，此种情况只记降水量不记降水起止时段。

（3）使用量雨杯读数时，应两手指捏住上口使之垂直，读数时保持视线与杯中水面凹面最低处齐平，读至最小刻度。

2.3.1.2　暴雨观测与调查

暴雨是产生水土流失的重要降水形式，对研究水土流失过程十分重要。一般都采用加测的办法，采集雨量数据或巡视，以防降水溢出储水桶。当特大暴雨出现，无法进行正常观测，应尽可能及时地进行暴雨调查。暴雨调查应组织好人力分头进行。在雨区先要选择好被调查人和被调查承雨器，如设置在露天的缸、盆等，且雨前无蓄水、雨中无溢流、雨后损失小的器具。通过量积（或称重）及承雨口面积和调查降雨起止时间、降雨过程雨情变化及时间变化等资料，掌握雨型，测出降雨量。若在各变化时段有不同的雨量收集物收集降水，且满足无溢出等条件，那是十分宝贵的资料。注意在每一调查点应有两个以上的重复调查资料，以相互印证，保证调查精度。

将调查得出的降雨量值点绘在较大比例尺平面图上（1:1000 地形图最好），可以绘制暴雨分布图和等雨量线图，得知暴雨中心及衰减变化，也可推求出观测区的暴雨和分布。

区域暴雨调查的雨量点分布应较均匀，且应有一定数量。调查点愈多，暴雨分布图愈能反映真实情况，调查点愈稀少，相对精度较低。一般大范围暴雨调查，$1km^2$ 不少于一个调查点，对于靠近观测区的范围，$1km^2$ 不少于 2 个调查点。

2.3.2　自记雨量计（虹吸式）观测

自记雨量计观测在每日 8 时整进行，当降水量多或暴雨时要经常巡视，以排除故障，防止漏记降雨过程。以下说明虹吸式雨量计的观测过程。

2.3.2.1　观测程序

（1）观测前，在备用记录纸上填写观测月份和日期，冲洗量杯和备用储水瓶。

（2）每日 8 时整准时到达雨量计处，并立即对着笔尖位置在记录纸零线上划一短垂线，以便检查时钟快慢。

（3）正常情况下，若无雨或少雨时，将笔尖拨离纸面，换纸并加墨水，上时钟发条，此后，对准时间，拨回笔档，准时记录。若此时雨很大，可以不换纸（记录纸上能连续记 26h），让其继续工作，经过 2h 后再换纸。若已到 10 时雨仍很大，此时仍可不换纸，但需要拨开记录笔尖，转动钟筒，使笔尖越过压纸条，将笔尖对准时间坐标继续记录，直到雨小时再换纸。

（4）在换记录纸的同时，将下方储水瓶带回，放上备用瓶，以便量测校正用。

2.3.2.2 观测注意事项

（1）换记录纸时，常出现浮子圆桶中有水而未能虹吸的现象（属正常现象），需注入一定体积清水，使其虹吸，带回储水瓶后要检查注入量与记录量之差是否在 ±0.05mm 之内。若出现笔尖在 10mm 记录纸上波动，成为平头线（属不正常现象），可先将笔尖拨离纸面，用手握住笔架向下轻压，迫使虹吸；然后对准时间继续记录，待雨后再检查调整，日降水量记录表（样表）见表 2.2。

表 2.2　　　　　　　　　日降水量记录表（样表）

观测年：　　　雨量站：　　　经度：　°　′　″E　纬度：　°　′　″N　第　　页，共　　页

月	日	降水量/mm	是否产流	观测人	审核人	备注

填表说明：该表填写日雨量观测结果。

【观测年】填写当年，用数字表示，例如"2003"。

【雨量站】试验站布设多个雨量站时，填写不同雨量站的名称。每个雨量器对应一个记录表。

【经度】【纬度】填写数字，雨量站所在经度、纬度。

【第　　页，共　　页】填写该表记录到第几页，一年结束以后补充填写共几页。

【月、日】填写观测降雨的具体日期，用阿拉伯数字表示。

【降水量】填写本次降水量，单位为 mm，保留 1 位小数。

【是否产流】填写径流小区是否产流，如产流则填写"是"，未产流则填写"否"。

【观测人】填写观测记录人姓名。

【审核人】填写观测数据审核人姓名。

【备注】填写仪器运行异常状况及观测误差原因等。

（2）若连续晴日无雨，或日降雨小于 5mm，一般不换记录纸，只需在 8 时观测时，向承雨口注入清水，使笔尖抬高几毫米，继续记录。每张记录纸的连续使用日数一般为 5 日，记录末端日期。

（3）换纸后，安装纸筒就位应先顺时针后逆时针方向旋转钟筒，以避免钟筒的传输齿轮产生间隙，给走时带来误差。

（4）注意经常用酒精洗涤自记笔尖，使墨水流畅。

2.4　降雨资料整理与计算

2.4.1　点雨量资料的整理内容与方法

（1）审核原始记录。通常必须随测、随算、随整理、随分析，以便及时发现问题，及时处理和改正。对自记雨量计的记录，要求分别检查时间误差和降水量误差是否超过规定，超过规定值需进行时间订正和降水订正。

（2）时间订正。一日内时差超过 5min，就需订正。订正的方法是：以 20 时、8 时观测注记的时间纸上的记号为依据，算出记号与记录纸上相应时间的差值，用两记号间的小时数去除上边的差值（min），得出每小时差数，然后用累积分配方法订正于需要摘录的整点时间。

（3）降雨量订正。当虹吸量（纸上算出量）大于记录量（收集量），且每虹吸一次平均差 0.2mm，或一日累计差值达 2.0mm 时，应进行订正。方法是将虹吸量及累积降水量之差，按虹吸次数分配到每次虹吸记录的降水中即可。

（4）统计日降雨量、月降雨量。量雨筒观测在 8 时观测完后，应记录在表中，对于自记仪器的观测，若出现记录笔在 10mm 或 10mm 以上呈水平线并有波动，大雨时记录笔不能复零现象，均以储水瓶收集降雨量为准记录。最后按月统计，标出其中最大雨量、最强雨量和降雨天数、次数，并装订成册。

（5）特征雨量资料摘抄。水土流失受降雨强度影响极大，因而常要求摘录出一次降雨过程中相同降雨强度时段的降雨量和历时，这就是特征雨量摘抄。在已经订正的自记雨量计的记录纸上，先按照记录线的斜率一致性将一次降雨过程分为若干段，使每相邻的雨时段斜率不一；然后算出每一时段的降雨量及由起止时间算出的历时；将各时段降雨量和分时段时间加总，与校正后的降雨总量和历时比较，若误差不超过 0.2mm 和 5min，即可满足；若误差超过规定数，则分别按雨量和历时平差分配订正。订正后就可算出各时段的平均降雨强度。在月统计表中反映强度最大的降雨量、历时和强度。

2.4.2 面雨量（小流域）资料的整理内容与方法

在小流域径流泥沙观测中，进行流域降雨观测的意义主要如下：

（1）分析与校核流域径流泥沙观测资料。

（2）对流域点雨量资料进行插补和订正。

（3）分析建立面雨量-径流-泥沙关系。

（4）探寻流域降雨分布规律以及对洪峰流量的影响。

（5）分析流域水土保持综合治理效益等。

流域雨量资料整理与计算是建立在点雨量资料校正准确的基础上。整理的内容主要是求流域的次平均降雨量、日平均雨量和月平均雨量；对于面积较大的流域，还要做暴雨分布分析。以下着重介绍流域平均雨量推求的两种方法。

2.4.2.1 算术平均值法

在流域布置雨量点密度足够，且地形单一、分布均匀时，用算术平均值法推求流域平均次雨量，公式为

$$\overline{P} = \frac{1}{n} \sum_{i=1}^{n} P_i \tag{2.2}$$

式中　$\overline{P}$——流域平均次雨量，mm；

　　　P_i——流域所设点雨量的校正次雨量，mm；

　　　n——流域布设的点雨量数。

2.4.2.2 面积加权法

若流域雨量点较稀、分布不均，或地形起伏大，则用面积加权法计算平均次雨量。各雨量点面积的确定多用泰森多边形法，也用雨量等值线法。

泰森多边形法是将布设的雨量点依据紧邻关系连成多个三角形。详见图2.5。从周边雨量点起作三角形每个边的中垂线，即图中细实线；再延长连接流域中部雨量点周围各线的中垂线，形成围绕雨量点的多边形（含流域边界线），这些多边形所包围的面积即为被围雨量点的面积。面积量测：先分别量算各雨量点的面积并求和，再与总面积相比，将差值按各点面积大小平均分配到各个多边形中（称平差），得出真实面积并求出占总面积的份数，即面积权数 f，用式（2.3）和式（2.4）计算流域平均雨量：

$$\overline{P} = \sum (p_i f_i) \tag{2.3}$$

$$f_i = \frac{F_i}{F} \tag{2.4}$$

式中　p_i——各点雨量，mm；

　　　f_i——各点雨量的面积权数；

F_i ——该雨量点覆盖面积，km^2；

F ——流域总面积，km^2。

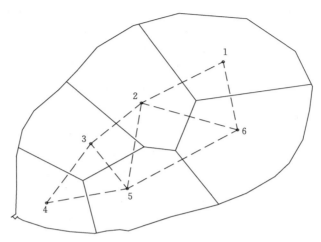

图 2.5　泰森多边形法求点雨量代表面积

若流域面积较大且有较多雨量点时，可按一定比例尺绘制雨量等值线图，分别量测各等值线间所包围的面积，经平差后用不同面积分别乘以两相邻等值线所示雨量的平均值，再求和后除以总面积即得平均雨量：

$$\overline{P} = \frac{1}{F} \sum \left(\frac{p_i + p_{i+1}}{2} F_i \right) \tag{2.5}$$

式中　F_i、F ——等值线所围面积和流域总面积，km^2；

p_i、p_{i+1} ——两相邻等值线示出的雨量，mm。

有了流域次平均雨量，就可进行日雨量和月雨量的统计，可以填写降雨过程摘录计算表（表 2.3），并找出最大雨量值和时间。

表 2.3　　　　　　　　　　降雨过程摘录计算表（样表）

观测年：　　　雨量站：　　　摘录人：　　　计算人：　　　审核人：　　　第　页，共　页

降水次序	月	日	时	分	累积雨量 /mm	累积历时 /min	时段降雨			I_{30} /(mm/h)	降雨侵蚀力 /[MJ·mm /(hm²·h)]
							雨量 /mm	历时 /mim	雨强 /(mm/h)		

填表说明：

【观测年】观测当年，用数字表示，例如"2017"。

【摘录人】【计算人】【审核人】分别填写相应人员姓名。

【雨量站】指试验区内雨量站编号。

【第　　页，共　　页】指本表记录到第几页，一年结束以后补充填写共几页。

【降水次序】按摘录雨量标准确定的降雨事件发生次序。

【月、日、时、分】时段降雨的起始或截止时刻，用整数表示。

【累积雨量】一次降雨开始时刻到当前时刻的累积雨量，单位为 mm，保留 1 位小数。

【累积历时】一次降雨开始时刻到当前时刻的累积时间，单位为 min，保留整数。

【雨量】上一时刻到当前时刻的累积雨量，单位为 mm，保留 1 位小数。

【历时】上一时刻到当前时刻的时间，单位为 min，保留整数。

【雨强】上一时刻到当前时刻的降雨强度，单位为 mm/h，保留 1 位小数。

【I_{30}】本次降雨的最大 30min 雨强，单位为 mm/h，保留 1 位小数。

【降雨侵蚀力】本次降雨的降雨侵蚀力，单位为 MJ·mm/(hm^2·h)，保留 1 位小数。

第 3 章

径 流 小 区 监 测

3.1 径流小区概述

径流小区观测是坡面水蚀测验的基本方法，径流小区集中区域又称径流场观测。不同国家对径流小区的分类方法尚未统一，但规划布设及观测设施、方法、内容基本一致。《水土保持监测技术规程》（SL 277—2002）中划分了标准小区和一般小区。标准小区：选取垂直投影长 20m，宽 5m，坡度 5°或 15°，坡面经耕耙平后，纵横向平整，至少撂荒 1 年，无植被覆盖。一般小区：按照观测项目要求，设立不同坡度和坡长级别、不同土地利用方式、不同耕作制度和不同水土保持措施的小区。无特殊要求时，小区建设尺寸应参照标准小区规定确定。

我国的径流小区面积多为 $100m^2$（宽 5m×长 20m），部分径流小区面积在 $500\sim2000m^2$ 之间，包括一个或几个微地形。在模拟试验中还利用微型小区，其面积小的为 $1m^2$，大的也只有几平方米。

按照观测项目，径流小区观测又分为单因子观测和多因子观测。单因子观测是在其他全部因子相同的条件下，仅一个试验因子发生变化的观测。如设立有无治理措施的小区，观测小流域综合治理对产流产沙的影响；又如设立不同坡长小区、不同植被覆盖小区等。多因子观测是在小区中布设两种或两种以上试验因子，其他因子保持不变（相同）的观测。如对分别在坡耕地和坡改梯后的梯地上设置侵蚀小区，小区上采用不同的覆盖措施（地膜、秸秆、杂草），或种植不同作物、采用不同耕作措施等，以观测和分析多个影响因子的产流、产沙状况。径流小区基本情况说明（样表）见表 3.1。

表 3.1 　　　　　　　　　　　径流小区基本情况说明（样表）

监测站编号：	建站年份：		地址：××市××县(市、区)××镇(乡、街道)××村			
管理模式：	管理人员(手机)：		经纬度：东经××度××分××秒，北纬××度××分××秒			
径流场周边环境	(地形情况、地貌植被情况、附近村庄水体河流情况等)					
小区编号	1	2	3	4	5	…
坡度/(°)						
坡长/m						
宽度/m						
面积/m²						
坡向/(°)						
土壤类型						
土层厚度/cm						
工程措施						
植物措施						
径流池 个数						
径流池 底面积/m²						
分流孔 个数						
分流孔 高度/cm						
其他测流设施	(未采用径流池＋分流孔进行测流的方法)					
雨量观测设备	名称和型号		器口高度及安装高度/cm		说明	

3.2　径流小区规划布设原则与基本要求

在东北黑土区规划布设径流小区时，首先，要选择能代表区域环境特征的地段。环境特征应包括地形、土壤、土地利用、植被、人为生产活动、治理方式等方面；其次，要考虑环境因素的极端情况，如坡度和坡长的极大、极小值，极端降雨、植被盖度、各种水土流失防治措施等，以使设置的小区涵盖和适应各种情况；再次，具体布设的地段，应有一定面积，尽可能使小区设置相对集中，并应交通方便，利于管理和观测。另外，在小区集中的径流场周围可布设护栏。

为了使不同区域的观测资料有可比性以及不同小区观测资料归一化，在治理小流域内必须设置一组裸地标准小区，小区水平投影面积为 100m² （宽 5m×长 20m），坡度为 9‰（约 5.14°），地面采用裸露、休闲、均整的直线坡、人工锄草和长期不施肥处理。

径流小区观测属 1∶1 比例尺的真实观测，因而必须保持自然原始状态，尽量减少人为对地形和土壤发生层次的干扰破坏。

径流小区各处理设置重复，各处理在径流场内的排列多为对比随机排列，若条件允许也可作对比顺序排列，标准小区组也排列其中。

径流小区观测应从每年第一次降雨产生侵蚀开始，到最后一次降雨侵蚀结束。因而要保持观测期小区处理的一致性。

3.3　径流小区修建及设施布设

为提高测验精度，观测坡面侵蚀的径流小区布设成宽 5m、长 20m（水平距）的长方形，且顺坡向为长边；重复小区紧邻，中间用隔板分开，径流小区四周设置保护带，其平面布置见图 3.1。

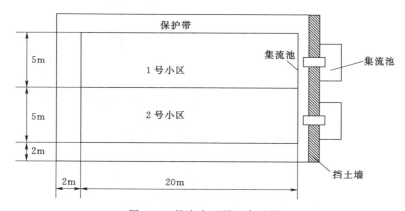

图 3.1　径流小区平面布置图

每组径流小区设置宽不小于 2m 的保护带，保护带的处理与径流小区相同。用金属板或混凝土板（石板）做成分隔板把径流小区与保护带（或小区）分开。小区之间隔板顶部修成 V 形（混凝土）或楔形（石板），详见图 3.2。

径流小区顶部应有截水沟，以防止上部坡面径流流入小区。底部设集流槽，将径流泥沙导入集流池（桶）。集流槽上缘为一水平面，宽不超过 5～10cm，集流槽下沿为挡土墙，槽体中部为倾斜的陡槽，将径流泥沙导入集流口，并通过安装在墙体内的集流管，将径流泥沙收集在集流池（桶）中。集流槽多用混凝土或砖砌砂浆模面做成，表面均整光滑，以防治泥沙沉积。

(a)V形隔板　　　　　　　　　　(b)楔形隔板

图 3.2　径流小区之间隔板图

目前，径流小区的径流泥沙多在雨后对总量进行观测，若径流泥沙数量不大，可采用集流池收集。集流池平面为一正方形或长方形，利用设在边壁的刻度尺可推算出体积。为了方便清除泥沙，通常在集流池底部的一角设置排泥坑，排泥坑尺寸多为 10cm×10cm×10cm（也可留有塞孔）。当用集流桶收集径流泥沙时，可用 1 个或 2 个（甚至 3 个、4 个）集流桶连接的方式收集，见图 3.3。若径流泥沙总量大，则采用分流桶加集流桶收集，集流设置 1 个分流桶加 1 个集流桶（称一级分流），也可以设置 2～3 个分流桶加 1 个集流桶（称二级分流或三级分流），见图 3.4。分流桶一般为铁皮制成，形状为长方体或圆柱体。分流桶的多个分水孔设在距离桶顶部约 15cm 处，水平均匀排列，孔径为 2cm 或更大。分流桶的 1 个分水孔连接至下一个分流桶或集流桶。

图 3.3　分流桶与集流桶安装图

图 3.4　分流桶与集流桶设备图

　　无论采用何种设施收集径流泥沙，收集装置顶部均应有防雨遮盖，以免雨水落入。

　　径流场除布设备处理小区外，还应按气象部门要求建立小型气象园，主要测定降雨、风、空气湿度、气温、地温、太阳辐射、蒸发等要素。

　　目前，在径流场观测设备方面还有一些自动的监测设备，径流自动监测设备主要有：翻斗流量计、测流槽水位计、径流称重等。其中测流槽水位计以 H -测流槽比较典型（图 3.5）。根据测流范围，又可分为 HS -水槽（小型测流槽），H -水槽和 HL -水槽（大型测流槽），其中 HS -水槽适合径流小区自动监测流量，测量范围为 0.004～0.022m³/s。

　　泥沙自动监测设备主要有：浊度仪、Coshocton 采样轮（图 3.6）、德国 -UGT 测量仪（图 3.7）、γ 射线测量仪（图 3.8）、分流采样器（图 3.9）、HL -2 型径流自动观测设备（图 3.10）等。Coshocton 采样轮有不同规格，一般可收集总径流泥沙量的 1%、0.5% 和 0.33% 等，被收集到一个小桶内，再通过人工均匀采样（约 1000mL）来测定含沙量。

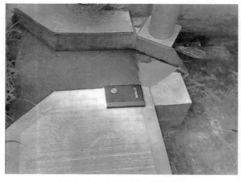

图 3.5　小型 H -测流槽　　　　　　　　图 3.6　Coshocton 采样轮

图 3.7 德国-UGT 测量仪

图 3.8 γ 射线测量仪

图 3.9 无动力水土流失自动监测仪
（分流采样器）

图 3.10 HL-2 型径流自动
观测设备

3.4 径流小区径流观测

降雨产流结束后，应立即观测收集的径流量，填写径流小区泥沙采样记录表，见表 3.2。仅有集流桶时，可直接量集流桶水位，计算出径流总量，填写径流小区泥沙计算表，见表 3.3。当有分流桶时，分别量得分流桶和集流桶的水位，计算出分流桶和集流桶水量后再计算出径流总量，计算公式见式（3.1）：

$$径流总量 = 一级分流桶径流量（m^3）+ 二级分流桶径流量（m^3）$$
$$\times 一级分流孔数 + 集流桶径流量（m^3）$$
$$+ 集流桶径流量（m^3）\times 一级分流孔数 \times 二级分流孔数 \quad （3.1）$$

25

表 3.2

径流小区泥沙采样记录表（样表）

观测日期：　年　月　日　时　　降水起止时间：　　　　观测人：　　　　审核人：　　　　第　页，共　页

小区号	一级分水箱							二级分水箱							集流桶							备注
	水深/cm			采样瓶号	采样体积/mL	泥沙盒号	盒+土重/g	水深/cm			采样瓶号	采样体积/mL	泥沙盒号	盒+土重/g	水深/cm			采样瓶号	采样体积/mL	泥沙盒号	盒+土重/g	
	1	2	3					1	2	3					1	2	3					

填表说明：

【观测日期：年 月 日 时】填写径流泥沙采样的日期和时间。

【降水起止时间】引起本次产流产沙的降水起止时间。

【观测人】【审核人】分别填写相应人员姓名。

【第 页，共 页】取样时填写第几页，取样完毕填写共几页。

【小区号】指小区编号。

【水深】指集流箱内水位顶面至箱底深度。

【采样瓶号】采样瓶瓶身上用以区分样瓶的编码。

【采样体积】根据采样体积确定，回室内查内查表或者量算。

【泥沙盒号】烘干泥沙盒身上用以区分盒的号码。

【盒+土重】烘干后，用天平称的重量值，保留1位小数。

【备注】采样时的特殊情况记录，主要包括汇流槽、导流管、分流孔堵塞情况，小区周围围挡墙或者挡板是否有径流进入或者进出，分流桶或者集流桶是否漏水等特殊情况的记录。

表 3.3

径流小区泥沙计算表（样表）

观测日期： 计算人： 审核人： 第 页、共 页

小区编号	一级分水箱						二级分水箱						集流桶						径流量/m³	总径流量/m³	小区面积/m²	径流深/mm	泥沙总量/kg	土壤流失量/(t/hm²)
	平均水深/cm	盒重/g	烘干泥沙重/g	含沙量/(g/L)	平均含沙量/(g/L)	径流量/m³	孔数	平均水深/cm	盒重/g	烘干泥沙重/g	含沙量/(g/L)	平均含沙量/(g/L)	径流量/m³	孔数	平均水深/cm	盒重/g	烘干泥沙重/g	含沙量/(g/L)	平均含沙量/(g/L)	径流量/m³					

填表说明：

【观测日期】填写径流泥沙采样的日期和时间。

【计算人】计算人签名。

【审核人】审核人签名。

【第 页、共 页】写清楚计算表总页码和当前页码。

【小区号】指小区编号。

【平均水深】等于三个水深的算术平均值，单位为 cm，保留整数。

【盒重】等于烘干盒重，单位为 g。

【烘干泥沙重】等于烘干泥沙加盒重减去盒重，单位为 g，保留 2 位小数。

【含沙量】等于烘干泥沙重除以采样体积，单位为 g/L，保留 1 位小数。

【平均含沙量】等于两个含沙量的算术平均值，单位为 g/L，保留 1 位小数。

【径流量】等于平均水深乘以桶底面积，单位为 m³，保留 2 位小数。

【孔数】查阅径流小区基本情况表，并填写。

【总径流量】多看总径流量计算公式，单位为 m³，保留整数。

【小区面积】查阅小区基本情况表，单位为 m，保留整数。

【径流深】等于总径流量除以小区面积，单位为 mm，保留 1 位小数。

【泥沙总量】多看泥沙总量计算公式，单位为 kg，保留整数。

【土壤流失量】等于泥沙总量除以小区面积，单位为 t/hm²，保留 3 位小数。

3.5　径流小区泥沙测量与计算

泥沙测量分为泥沙取样及样品处理两个步骤。

3.5.1　泥沙取样

在取样前，首先应将集流槽中沉积的泥沙收集或扫入（或用定量水冲入）集流桶中，记录本次径流的泥水总量。用取样瓶取分流桶上层含沙量较小的浑水样一瓶（约 1000mL），作为上层浑水样，然后用虹吸方法桶内将出现浊水，虹吸结束后，取 3 点测量分流桶内的浊水深度。同时将分流桶内的浊水用水桶取出，每次都测量水桶内的浊水深度，并将水桶内的浊水搅匀后，边搅动边用取样瓶取浊水样一瓶。将水桶内取得的浊水样作为分流桶下层浑水样。分流桶内浊水取完后，将分流桶底部所剩泥沙取出称重，并用取样盒取样品测量含水量。这样，用分层的办法取得含沙量较小的上层浑水样、含沙量较大的下层浑水样以及底部的淤积泥沙量，分别测得其所含的泥沙干重，可计算得到总的泥沙干重，再除以分流桶内的浑水样容积即可得到分层测量的含沙量。分层测量中所取得的浑水样也用过滤法测量其含沙量。若采用分流桶和集流桶收集浑水的方式，还应分别对集流桶采样，采样方法同前。

集流桶和分流桶取样也可以采用柱状水体采样器，小区测验中常用的有采样筒、全剖面采样器和小径玻璃管 3 种。在东北地区采样器宜使用采样筒和全剖面采样器，采样筒（图 3.11）采样是最简单的采样方法，称横式分层采样。用镀锌铁皮制成，容积在 1000cm³ 以上。采样时将水搅匀，约 20～30cm 深采集一筒。为使底层采样准确，先从筒底第一层采样起，直到水表层结束。在采样筒入水前，横拿样筒并用小塑料板盖住筒口，到采样位置后，打开筒口收集水样并再次盖口提出，注入处理盒中，如此反复直至结束。采样筒采样精度较低，但设备简单、操作容易。

用全剖面采样器（图 3.12）采集分水箱或集流桶内从上到下的全剖面浑水柱。采样前首先搅拌桶内浑水，然后将全剖面采样器微倾斜插入桶内，使采样器底盘沿桶底缓慢插入淤泥底下，整体摆动采样器几下（10cm 左右摆幅），使采样器底盘上的泥沙平整，再插入采样管，并轻轻旋转几下，盖上塞子，提起采样器放入样品桶内，完成取样。

3.5.2　泥沙样品处理

将采集的样品注入铝制样品盒（盒需编号）后立即称重（G_1）并测量体积

（V_1），以免因气温高蒸发；静置24h，再过滤出泥沙（通常慢慢倒出清水）；再将盛泥沙盒放入烘箱，在105℃温度下烘干至恒重（约需12h），取出放至常温称重（G_2）。泥沙样品及处理见图3.13。

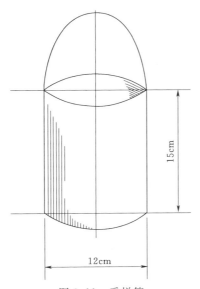

图3.11 采样筒　　　　　　　　　　　图3.12 全剖面采样器

图3.13 泥沙样品及处理

3.5.3 泥沙数值计算

经过泥沙样品的收集和处理后，需进行泥沙数值计算，计算公式见式（3.2）和式（3.3）：

$$G_{泥} = G_2 - G_{盒} \tag{3.2}$$

$$\rho = G_{泥} / V_1 \tag{3.3}$$

式中　$G_泥$——样品的泥沙干重，g；

$\quad\quad G_2$——样品烘干后泥重加盒重，g；

$\quad\quad G_盒$——盛该样盒重，g；

$\quad\quad \rho$——样品的含沙量；

$\quad\quad V_1$——泥水样体积。

若采用集流桶加分流桶的方式收集径流泥沙，在求得各集流桶、分流桶的含沙量后，以式（3.4）计算总泥沙量：

$$G_{泥总} = V_{A1}\rho_{A1} + V_{A2}\rho_{A2} + V_{AB}\rho_{AB} + (V_B\rho_B + V_{BC}\rho_{BC})\alpha_1 + V_C\rho_C\alpha_1\alpha_2 \quad (3.4)$$

前述得出泥沙总重量，还需换算成体积，才能在浑水体积中扣除，得到径流总体积。计算公式见式（3.5）：

$$V_{泥总} = G_{泥总}/\gamma_泥 \quad (3.5)$$

式中　$\gamma_泥$——泥沙容重；

$\quad\quad G_{泥总}$——泥沙总重量。

通常一个地区的径流场设置后，土壤类型及其物理性质不再变化，可以预先求出 $\gamma_泥$，有的以土壤容重代替（因主要流失的是表层土壤），一般取值为 $1.2\sim1.35\text{g/cm}^3$。

计算总径流量：

$$V_{水总} = V_{浑总} - V_{泥总} \quad (3.6)$$

计算时要注意单位应统一。有了径流总体积（m³）和泥沙总重量（kg），不难求出各处理径流模数和侵蚀（泥沙）模数：

$$M_W = V_{水总} \times 10000 \quad (3.7)$$

$$M_S = G_{泥总} \times 10000 \quad (3.8)$$

式中　M_W——径流模数，$\text{m}^3/(\text{a}\cdot\text{km}^2)$；

$\quad\quad M_S$——侵蚀模数，$\text{kg}/(\text{a}\cdot\text{km}^2)$ 或 $\text{t}/(\text{a}\cdot\text{km}^2)$。

将一年中各次产流和侵蚀的模数相加，即得本年某一小区的径流模数和侵蚀模数。

径流小区产流产沙的起止时间、小区内侵蚀的变化、细沟出现等，均由人工现场观测记录或摄像记录，为分析侵蚀机理和过程变化积累资料。

在进行小区径流、泥沙观测的同时，还应进行以下观测：

（1）基本情况观测。径流小区的基本情况包括地形、面积、径流场处理方式、土壤性质等主要方面。径流小区基本情况见表3.4。

1）地形应记录小区地貌部位、坡度、坡形、坡向及所包含的微地形特征和粗糙度。

2）面积包括小区长、宽，或不规则的形状、范围和面积大小等。

表 3.4 径流小区基本情况表（样表）

编号	坡度/(°)	坡长/m	坡宽/m	面积/m²	土层厚度	土质	土壤团粒结构含量/%	开始观测时间

3）地表处理若是林草地，要观测树种（草）主要组成、龄级、密度、郁闭度（盖度）及层次结构等特征；若是农地，要观测作物种植及种植制度、生长及产量、施肥、耕作管理，尤其水土保持耕作管理更应详细记录等；若是园地，应将配置方式、经营管理、组合处理、时序变化等详细规测。径流小区植被郁闭度（盖度）和土壤水分（烘干法）观测记录见表 3.5。

表 3.5 径流小区植被郁闭度（盖度）和土壤水分（烘干法）观测记录表（样表）

观测日期： 年 月 日 观测人： 审核人： 第 页，共 页

小区号	测次	测点	相片编号		目估郁闭度(盖度)/%			植被平均高度/m	土样深度/cm	铝盒号			盒+湿土重/g			盒+干土重/g			备注
			郁闭度	盖度	郁闭度	植被盖度	地面盖度			1	2	3	1	2	3	1	2	3	

4）土壤观测，应有土属土种定名及土壤主要性质。其中土壤剖面层次结构、机械组成、容重、孔隙度、团粒含量等物理性质和土壤 pH 值、有机质、氮、磷、钾含量、盐基代换量等化学性质，应过几年测定一次。

（2）小区降雨观测。降雨观测已在第 2 章中详细描述，本章为了径流小区观测内容完整呈现，只做章节内容提及，不再赘述，详见降雨观测部分内容。

（3）土壤水分变化观测。土壤含水量测定一般每 10 天定时观测一次，在降雨产流后加测一次，若能在雨前加测一次更好。一般测点设在小区坡面上、中、下部，也可在保护带测试。观测分设若干层次，多以每 20cm 深一层，直至 100cm 或 200cm（100cm 下分两层即可），用土铲或取土钻取样，不同种类的取土钻见图 3.14，用烘干法测定。

土壤蒸发量可采用土壤蒸发仪测量，每 10 天换土一次。也可采用蒸渗仪测定或根据气象数据用彭曼法进行估算。坡面径流场监测设备配置见表 3.6。

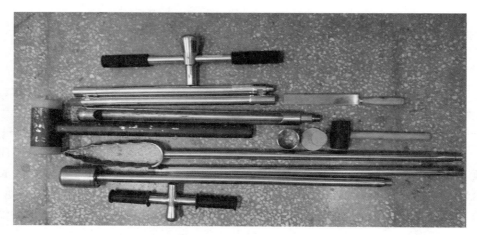

图 3.14 不同种类的取土钻

表 3.6　　　　　　　坡面径流场监测设备配置表

序号	设备名称	单位	数量	序号	设备名称	单位	数量
1	测尺/测绳	条	2～3	13	自记雨量计	台	1
2	采样器	个	1～2	14	传真机	部	1
3	取样瓶	个	30	15	照相机	部	1
4	取土钻	件	1～2	16	便携式水分仪	套	1～2
5	取土环刀	个	5	17	温度计	个	2～5
6	铝盒	个	30～50	18	计算机	台	1
7	烘箱	台	1	19	电话	部	1
8	烧杯	个	20～50	20	打印机	台	1
9	量筒	个	2～5	21	测距仪	台	1
10	天平	台	1～2	22	土壤测试设备	套	1
11	漏斗	个	10	23	摄像机	部	1
12	雨量筒	件	2～3	24	覆盖度测量仪	套	1

第4章

小流域监测

小流域径流泥沙变化快、变化大，一般通过对测流建筑物的过水断面量测，再配以必要的附属建筑物构成观测站，所以又称径流站观测。监测的内容一般应包括降雨、径流、泥沙和流域土壤侵蚀影响因子。也可以根据需要设立其他监测内容，如土壤水分、水质等。对观测结果要进行记录和计算。对于未设站的小流域，可通过调查得到径流泥沙资料。

4.1 站址选择及量水建筑物

径流站址选择很重要，它直接影响测流精度。选址时要求水流流动顺畅，无弯道和宽窄变化的河段，且河床（沟底）比降均一，无突兀巨石和凹陷坑穴，边岸杂草不影响水流，床质均一；并在要设的量水建筑物上游有长30m以上的平直段，下游有10m左右的平直段，且不受下游回水影响。此外，要选在支沟交汇的下游，以控制全流域避免顶冲破坏。若上述条件不佳又需设站，就要由人工整修河道，以符合设站要求。

径流站址选好后，就要选择和修建量水建筑物。以下是几种水土保持工作中常用的量水建筑物。

4.1.1 巴塞尔量水槽

巴塞尔量水槽最适于含沙大的河道，测流范围最小为 $0.006\text{m}^3/\text{s}$，最大达 $90\text{m}^3/\text{s}$。它一般用砌砖砂浆护面和钢筋混凝土做成，见图4.1和图4.2。

量水槽各部尺寸由试验求得，大致保持一定的比例，由喉道宽度 W 决定。

进水段长度：$$L = 0.5W + 1.2 \tag{4.1}$$

进口宽度：$$B = 1.2W + 0.48 \tag{4.2}$$

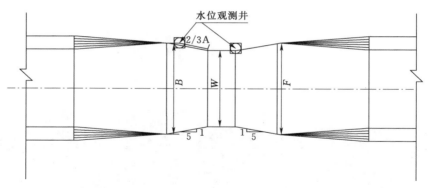

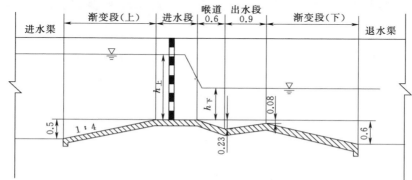

图 4.1　巴塞尔量水槽剖面图（单位：m）

图 4.2　巴塞尔量水槽实物图

进口段斜边长：$\qquad A = 0.51W + 1.22 \qquad$ （4.3）

出口宽度：$\qquad B_1 = W + 0.3 \qquad$ （4.4）

以上尺寸单位均以 m 计。

量水槽的流量计算式为

当水流为自由出流时，即

$$\frac{h_\text{下}}{h_\text{上}} \leqslant 0.677 \qquad (4.5)$$

$$Q = 0.372W \left(\frac{h_\text{上}}{0.305}\right)^{1.569w^{0.026}} \qquad (4.6)$$

经陕西省洛惠渠试验，将式（4.6）简化为

$$Q = 2.4Wh_\text{上}^{1.57} \qquad (4.7)$$

当为淹没出流时，即 $0.95 > \dfrac{h_\text{下}}{h_\text{上}} > 0.7$，按自由出流公式算出流量，再减去按式（4.8）算出的改正值 ΔW：

$$\Delta W = \left[0.07 \left\{\frac{h_\text{上}}{\left[\left(\frac{1.8}{K}\right)^{1.8} - 2.45\right] \times 0.305}\right\}^{4.57-3.14K} + 0.007\right] W^{0.815} \qquad (4.8)$$

$$K = \frac{h_\text{下}}{h_\text{上}} \qquad (4.9)$$

式中　K——淹没度。

故淹没出流的流量 Q' 为

$$Q' = Q - \Delta W \qquad (4.10)$$

鉴于两种出流计算式复杂，安徽水文总站刘芳岑同志建议，不论自由出流或淹没出流统一采用式（4.11）计算：

$$Q = 6.25K \sqrt{1 - K} Wh_\text{上}^{1.57} \qquad (4.11)$$

当 $K > 0.677$ 时，以实际值代入计算；

当 $K = 0.677$ 时，均以 $K = 0.677$ 代入计算；

当 $K = \dfrac{h_\text{下}}{h_\text{上}} > 0.95$ 时，量水槽已失去测流作用，应选其他方法测流。

4.1.2　薄壁量水堰

水力学中将堰顶厚度 $\delta < 0.67H$（H 为堰上水头）时的测流堰称为薄壁堰。此种情况堰顶厚度变化不影响水舌形状，从而不影响过堰流量，常在水土保持中应用。薄壁堰的测流范围在 $0.0001 \sim 1.0\,\text{m}^3/\text{s}$ 之间，测流精度高。由于堰前淤积，适应于含沙量小的小河沟。量水堰由溢流堰板、堰前引水渠及护底等组成。

4.1.2.1　薄壁堰分类

按出口形状分为三角形、矩形、梯形等。水土保持测流中多用三角形堰（顶角90°）和矩形堰，见图4.3和图4.4，是用 $3 \sim 5\text{mm}$ 厚金属板作成，并将切口锉成锐缘（锉下游），安装到有护底的河段中，这两种堰更适合在比降大的沟道中布设。

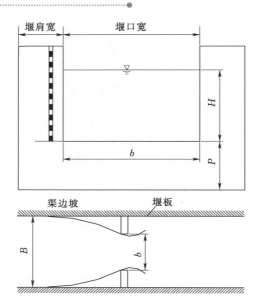

图 4.3　矩形堰示意图

图 4.4　矩形堰测流量

（1）矩形堰。流量计算式（自由流）见式（4.12）：

$$Q = m_0 b \sqrt{2g} H^{3/2} \tag{4.12}$$

式中　b ——堰顶宽，m；

　　　g ——重力加速度；

　　　H ——堰上水头，即水深，m；

m_0——流量系数，由公式算出或试验得出。

当无侧向收缩时，即矩形堰顶宽与引水渠宽相同且安装平整时，则

$$m_0 = \left(0.405 + \frac{0.0027}{H}\right)\left[1 + 0.55\left(\frac{H}{H+P}\right)^2\right] \tag{4.13}$$

式中　P——上游堰高，m，即矩形堰底比上游床底高出部分。

当有侧向收缩时，则

$$m_0 = \left(0.405 + \frac{0.0027}{H} - 0.03\frac{B-b}{B}\right)\left[1 + 0.55\left(\frac{H}{H+P}\right)^2\left(\frac{b}{B}\right)^2\right] \tag{4.14}$$

式中　B——进水渠（两侧墙间）的宽度，m；

　　　b——堰口宽度，m。

上述 m_0 计算式即为巴青公式。在应用时常根据堰顶宽 b 及侧收缩系数 $\frac{b}{B}$，分别按式（4.13）和式（4.14）制成不同水头与过堰流量关系表，以备查用。

淹没出流，即下游水位超过了堰顶并出现淹没水域，流量计算复杂，应尽量避免。

（2）三角堰。见图 4.5 和图 4.6，三角形薄壁堰流量计算公式为

$$Q = \frac{4}{5}M_0\tan\frac{\theta}{2}\sqrt{2g}\,H^{\frac{5}{2}} \tag{4.15}$$

式中　θ——三角形堰顶角；

其他符号意义同前。

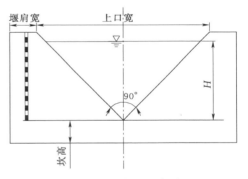

图 4.5　三角堰示意图

图 4.6　三角堰测流量

当 $\theta = 90°$ 时，流量公式可简化为

$$Q = 1.4H^{\frac{5}{2}} \tag{4.16}$$

4.1.2.2　薄壁堰安装

薄壁堰安装使用时应注意：

（1）堰板必须平整、垂直，堰槛中心线应与进水渠道中心线重合。

（2）堰板用钢板或木板制作，堰口应成 45°的锐缘，其倾斜面向下游。

（3）无论活动使用或固定安装，该段水道要平直，断面要标准。

（4）三角堰的堰槛高及堰肩宽应大于最大过堰水深，矩形堰的最大过堰水深应小于堰槛高，否则会出现淹没流（下游水位高于堰口）。

（5）水尺可设在缺口两侧堰板上，尽量设在内边水位稳定处。

（6）堰身周围应与土渠紧密结合，不能漏水。

（7）堰板制作规格要标准，安装要规范，安装段应作护底。

4.1.3　三角形量水槽

在以上量水堰无法应用的较小沟道中，洪水流量不大的情况下，可用三角形量水槽，见图 4.7。

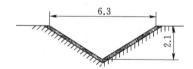

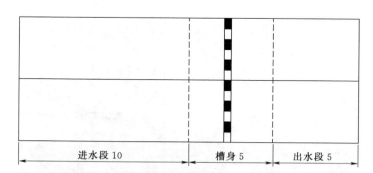

图 4.7　三角形量水槽示意图（单位：m）

槽体为钢筋混凝土结构，表面平滑，纵比降与沟道自然比降一致，取 2%，横断面为三角形。

流量率定计算式为

$$Q = 1.078 - 4.54H + 7.96H^2 \tag{4.17}$$

式中　　H——过堰水深，m；

　　　　Q——流量，m^3/s。

使用结果表明，该量水槽适于高含沙、比降大的小流域，不产生淤积，低水头亦可观测，缺点是水面波动大，虽改进用观测井观测水位，但有水头损失，因而误差大。据实测洪水计算误差大到20%，因而还需用其他方法校正。

4.1.4　三角形剖面堰

对于洪峰流量大的小流域（超过100m^3/s），上述量水建筑物已不能满足，推荐采用国际上常用的三角形剖面堰，见图4.8。

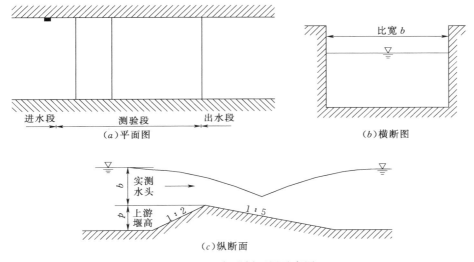

图4.8　三角形剖面堰示意图

该剖面堰纵剖面为三角形，横断面为矩形，其结构示意见图5.5。堰由引水渠、测流建筑物和下游渠道三部分组成。三角形剖面其上游坡降为1:2，下游坡降为1:5，一般用砌砖或混凝土建成。它的测流范围大，在0.1～630m^3/s之间，堰不淤积，适用含沙量大、流量变化大的沟道。

三角形剖面堰的流量公式为

$$Q = \left(\frac{2}{3}\right)^{1.5} C_D C_V \sqrt{g}\, bh^{1.5} = 1.705 C_D C_V \cdot bh^{1.5} \qquad (4.18)$$

式中　　C_D——流量系数；

　　　　C_V——考虑行进流速$(H/h)^{1.5}$影响的系数；

　　　　H——总水头，m；

　　　　b——堰宽，m；

g —— 重力加速度；

h —— 实测水头，m。

系数 C_v 由 $C_v - C_D b \dfrac{h}{A}$ 曲线图查得。系数 C_D 一般不随 h 而变，当 $h = 0.15$ 时，$C_D = 1.150$；当 $h < 0.15$ 时，C_D 由式 (4.19) 计算：

$$C_D = 1.150 \left(1 - \frac{0.003}{h} \right)^{\frac{3}{2}} \tag{4.19}$$

4.2　径流站水位观测与计算

水位观测是径流站观测的基本内容之一，它又是推求流量的基础。径流站观测水位是以测站位置某一固定基准面为准，这样计算方便。

常用的水位观测设备有水尺和自记水位计。

水位观测的基本要求是：平水期每日 8 时、20 时各测一次；洪水期要能测得完整的水位变化过程，在洪水起涨、峰腰、落平和水位转折变化点均测水位。一般峰顶前后不少于 3 次，涨水和落平期适当减少，但一次洪水过程不得少于 7 个测次，落水通常平缓可 30min 测一次，落平后再测 1 次。观测精度至厘米。

4.2.1　观测设备与方法

(1) 水尺观测。水土保持使用水尺多为直立式和倾斜式两种。直立式水尺构造简单，市面有销售的瓷板水尺，垂直安装在基面上；也可用红漆刻画在观测位置。倾斜式水尺，需要依据斜面倾角换算成垂直距标出。

(2) 自记水位计观测。自记水位计类型多样，水土保持行业中多采用浮筒式水位计。它由浮筒及平衡锤（感应部分）、两个大小相连的浮筒轮（转动部分）及记录转筒、记录笔、笔架、时钟等（记录部分）组成。其中转动轮中的小轮直径与记录筒直径一致，水位比例尺 1：1，适用于水位变化小的测站。大轮周长比记录筒周长大一倍，比例尺为 1：2，适于水位变化大的测站。该水位计不需人工观测，但需每日 8 时（或 20 时）更换记录纸并给记录笔加墨水。

自记水位计多安装在观测房中，由竖井和廊道与测流断面水流相连，这是为消除断面上水面波浪影响而设置的，但却造成水头损失，使竖井水位较断面水位略低。克服的方法是将廊道（连接测井与断面水流）断面做的稍大并尽量靠近河水，表面砂浆抹面平整，减少损失；还利于测井中淤积的清理，但观测精度稍低。对重点测站，则要计算损失水头值，公式为

$$S_h = \frac{W}{2g} \left(\frac{A_w}{A_p} \right)^2 \left(\frac{\mathrm{d}h}{\mathrm{d}t} \right)^2 \tag{4.20}$$

式中 S_h ——水头损失值，m；

　　　W ——连接管道及配件水头损失系数，若无配件时，$W = 1.5 + \dfrac{4fL}{D}$；

　　　A_w ——竖井横断面面积，m^2；

　　　A_p ——廊道（进水管）横断面面积，m^2；

　　dh/dt ——河流水位的涨落率，m/s；

　　　f ——Darcy - weibach 摩阻系数；

　　　L ——廊道的长度，m；

　　　D ——廊道的直径，m。

由计算值，分别给观测值以校正，得出各时段水位值。

4.2.2　水位计算

计算流量前要计算日平均水位或洪水平均水位。计算方法如下：

（1）算术平均法：一日内水位变化缓慢，或水位变化虽大，但均为等时距观测（如 2h、4h 测一次），可采用算术平均法算出。该法多用在常水期测流，若在洪水期，也可分时段结合以下方法应用。

（2）面积包围法：洪水变化大，且不等时距观测时多用此法。即将当日（或当次）水位过程线所包之面积，除以 24h（或洪水历时）求得。现以日平均水位计算为例说明。从 0 时到 24 时，各不同时距 Δt_1、Δt_2、Δt_3、…、Δt_n（小时）之间，观测 G_0、G_1、G_2、…、G_n 等水位值，则日平均水位计算式为

$$\overline{G} = \frac{1}{48} \big[G_0 \Delta t_1 + G_1(\Delta t_1 + \Delta t_2) + G_2(\Delta t_2 + \Delta t_3)\Lambda$$
$$+ G_n + 1(\Delta t_{n-1} + \Delta t_n) + G_n \Delta t_n \big] \tag{4.21}$$

4.2.3　水位资料插补

因各种原因缺测、漏测水位，或错测水位，均应进行插补或改正。插补方法有以下两种。

（1）直线插补法。对缺测期水位变化平缓或变化虽大但有一致的上涨或下落趋势，可用下式作插补计算：

$$\Delta G = \frac{G_2 - G_1}{n + 1} \tag{4.22}$$

式中　ΔG ——每日插补的差值，m；

　G_1、G_2 ——缺测前一日和后一日的水位，m；

　　　n ——缺测的天数。

（2）水位关系曲线法。若缺测时间较长，可用本站与邻站的同时水位或相应水位的相关曲线插补。绘制曲线时用当年实测资料最好，以免河道冲淤变化引起较大误差。

4.3　泥沙观测

4.3.1　悬移质观测

悬移质泥沙观测目前主要有人工观测和自动观测两种。人工观测是在径流过程中按一定时间间隔用取样器或采样瓶（图 4.9）人工取浑水样，回室内利用烘干法等测量含沙量，计算流域产沙量。采样瓶体积一般为 500～1000mL。

图 4.9　取样器与采样瓶

自动监测又分为两种：一种是利用光学原理直接监测含沙量（图 4.10）；另一种是自动采样，然后烘干称重测量含沙量。前者由于观测精度受含沙量影响较大，因而多采用后置，即在径流过程中自动按一定时间间隔用采样瓶取样，常用采样仪器为美国产 ISCO 自动采样器（图 4.11）。该仪器内装有 24 个采样瓶，根据采样需求，可以对该采样器的采样体积、时间间隔、一瓶采样瓶中的采样次数和一次采样的采样瓶数等进行设定。

4.3.2　推移质观测

推移质泥沙观测参见《河流推移质泥沙及床沙测验规程》（SL 43—92）和《水土保持监测理论与方法》，本书简要介绍坑测法和沙质推移质采样器法。

图 4.10 光电式泥沙传感器

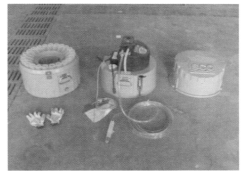

图 4.11 ISCO 自动采样器

坑测法：是在断面上埋设测坑，或用砖、混凝土做成槽形，上沿与河床齐平，坑长与测流断面宽一致，坑宽约为最大粒径的 100～200 倍，容积要能容纳一次观测期的全部推移质。上面加盖，留有一定器口，使推移质能够进入坑内，又不影响河底水流。一次洪水过后，用挖掘法取出沙样。

沙质推移质采样器法：沙质推移质采样器有网式、匣式等类型，我国多采用匣式，如：黄河 59 型推移质采样器，该采样器的器身是一个向后方扩散的方匣，水流进入器内后流速减小，利用粗颗粒沉积。但由于前端口门不易吻贴河床，会导致局部冲刷，也使一些推移质测不到。

4.4 产沙量计算

4.4.1 径流泥沙过程（悬移质）计算

将记录表填入小流域径流泥沙（悬移质）计算表，见表 4.1。根据表 4.1 计算出各项指标，填写小流域径流泥沙（悬移质）计算表续表，见表 4.2。

表 4.1 小流域径流泥沙（悬移质）计算表

小流域： 径流序号： 计算人： 审核人： 第 页，共 页

序号	年	月	日	时	分	水尺读数/cm	取样瓶号	采样体积/mL	泥沙盒号	盒＋干土重/g	盒重/g	备注

表 4.2 小流域径流泥沙（悬移质）计算表续表

小流域： 径流序号： 计算人： 审核人： 第 页，共 页

序号	水位/cm	含沙量/(g/L)	流量/(m³/s)	时段/min	时段径流量/m³	时段产沙量/t	备注

填表说明：

【小流域】指小流域标准名称。

【径流序号】径流控制站编号。

【计算人】表格计算人签名。

【审核人】审核人签名。

【第 页，共 页】写清楚计算表总页码和当前页码。

【序号】指小流域控制站编号。

【水位】单位为 cm，保留整数。

【含沙量】单位为 g/L，保留 2 位小数。

【流量】单位为 m³/s，保留 3 位小数。

【时段】两次采样间隔之差，规定记录在这两行记录的第二行。

【时段径流量】采用公式计算，保留 3 位小数。

【时段产沙量】采用公式计算，保留 3 位小数。

【备注】采样时的特殊情况记录。

（1）水尺读数：水尺读数减去零水位读数，零水位读数为开始产流或者停

流时的水位高度。

（2）含沙量：盒＋干土重减去盒重后除以采样体积。

（3）流量：根据堰槽类型及其堰流公式计算。

（4）采样间隔：两次采样时刻之差。

（5）时段径流量：按照式（4.23）计算：

$$V = \frac{Q_i + Q_{i+1}}{2} \cdot \Delta t \tag{4.23}$$

式中　V ——时段径流量，m^3；

　　　Q_i ——某观测时刻径流的流量，m^3/s；

　　　Δt ——两次观测之间的时间间隔，s。

（6）时段产沙量：按式（4.24）计算：

$$A = \frac{Q_i a_i + Q_{i+1} a_{i+1}}{2} \cdot \frac{\Delta t}{1000} \tag{4.24}$$

式中　A ——时段产沙模数，t；

　　　a ——某观测时刻的含沙量，g/L；

　　　其余符号意义同前。

4.4.2　逐日径流泥沙（悬移质）计算

逐日径流泥沙分非洪水径流和洪水径流两种情况计算。小流域逐日径流泥沙（悬移质）计算表见表4.3。

（1）非洪水径流，即"常流水"情况，根据每天两次（8时、20时）径流泥沙取样平均情况计算，小流域逐日径流泥沙（悬移质）计算表。

平均流量（m^3/s）：当日两次径流泥沙取样的平均流量。

平均含沙量（g/L）：当日两次径流泥沙取样的平均含沙量。

径流总量（m^3）：平均流量乘以一日的时间。

产沙总量（t）：平均含沙量乘以径流总量。

产沙模数（t/hm^2）：产沙总量除以流域面积。

（2）洪水径流，根据洪水过程观测和取样计算逐日径流泥沙，填写小流域逐日径流泥沙（悬移质）计算表。

径流总量（m^3）：当日各时段流量累加之和。

产沙总量（t）：当日各时段产沙量累加之和。

平均流量（m^3/s）：当日各时段流量采用面积包围法计算。

平均含沙量（g/L）：产沙量总量除以径流总量。

产沙模数（t/hm^2）：产沙总量除以流域面积。

表 4.3　　　　　　　　　　小流域逐日径流泥沙（悬移质）计算表

流域名称：　　　　　　　监测年：　　　　计算人：　　　　审核人：　　　第　页，共　页

年	月	日	径流总量 /m³	产沙总量 /t	日平均流量 /(m³/s)	日平均含沙量 /(g/L)	产沙模数 /(t/hm²)	备注

填表说明：

【流域名称】指小流域标准名称。

【监测年】指观测年。

【计算人】表格计算人签名。

【审核人】审核人签名。

【第　页，共　页】写清楚计算表总页码和当前页码。

【年、月、日】填写数字，按照当天的日期。

【径流总量】单位为 m³，保留 2 位小数。

【产沙总量】单位为 t，保留 2 位小数。

【日平均流量】单位为 m³/s，保留 2 位小数。

【日平均含沙量】单位为 g/L，保留 2 位小数。

【产沙模数】等于日沙量总量除以流域面积，保留 3 位小数。

【备注】采样时的特殊情况记录。

4.4.3　逐次洪水径流泥沙（悬移质）计算

逐次洪水径流泥沙计算根据降雨过程摘录计算表和小流域径流泥沙计算表计算。主要方法和指标如下，计算结果填写在小流域逐次洪水径流泥沙（悬移质）计算表中，见表 4.4。

降雨指标摘自降雨过程摘录表。当流域内有多个雨量站时，以最靠近流域中心的雨量站为代表站。若选择的雨量站发生故障，选另一较近雨量站，并备注。

径流深（mm）：本次洪水各时段径流量之和除以流域面积。

径流系数：径流深除以降雨量。

含沙量（g/L）：本次洪水各时段产沙量之和除以时段径流量之和。

产沙模数（t/hm²）：各时段产沙量之和除以流域面积。

表 4.4

小流域逐次洪水径流泥沙（悬移质）计算表

流域名称：　　　　　监测年：　　　　　计算人：　　　　　审核人：

第 页，共 页

径流次序	降雨起				降雨止				雨量/mm	历时/min	平均雨强/(mm/h)	I_{30}/(mm/h)	降雨侵蚀力/[MJ·mm/(hm²·h)]	产流起				产流止				产流历时/min	洪峰流量/(m³/s)	径流深/mm	径流系数	含沙量/(g/L)	产沙模数/(t/hm²)	备注
	月	日	时	分	月	日	时	分						日	时	分		日	时	分								
…																												

填表说明：降雨指标，直接摘自降雨过程表。

【流域名称】指小流域标准名称。

【监测年】指观测年。

【计算人】表格计算人签名。

【审核人】审核人签名。

【第　页，共　页】写清楚计算表总页码和当前页码。

【径流次序】填写数字，按照当年径流次序依次填写。

【产流起】【产流止】直接摘自洪水径流泥沙过程表。

【产流历时】产流开始至结束经历的时间，单位为 min，保留整数。

【洪峰流量】洪水径流泥沙过程中最大流量，单位为 m³/s，保留 3 位小数。

【径流深】单位为 mm，保留 2 位小数。

【径流系数】保留 2 位小数。

【含沙量】单位为 g/L，保留 2 位小数。

【产沙模数】采用公式计算，保留 3 位小数。

【备注】采样时的特殊情况记录。

小流域控制站监测设备配置见表4.5。

表 4.5 小流域控制站监测设备配置表

序号	设备名称	单位	数量	序号	设备名称	单位	数量
1	水尺	把	2～3	16	传真机	部	1
2	自记水位计	台	2～3	17	便携式水分仪	套	1～2
3	悬移质泥沙采样器	件	1～2	18	温度计	个	2～5
4	取样瓶	个	30	19	计算机	台	1～2
5	取土钻	件	1	20	对讲机	部	2～3
6	取土环刀	个	5	21	打印机	台	1
7	铝盒	个	30	22	测距仪	台	1～2
8	烘箱	台	1	23	土壤测试设备	套	1
9	烧杯/量筒	套	5～10	24	GIS 相关软件	套	1
10	天平	台	1～2	25	摄像机	部	1
11	漏斗	个	10～20	26	覆盖度测量仪	套	1
12	雨量筒	件	3～5	27	水质分析仪	套	1
13	自记雨量计	台	2	28	泥沙浓度仪	台	1
14	电话	台	1	29	无人机	台	1
15	照相机	部	1	30	监测交通工具	辆	1

第 5 章

植被盖度和土壤含水量监测

5.1 监测频次

在每年的 5 月 1 日至 10 月 31 日期间，每 15 天（每月 1 日、15 日）观测每个小区的乔木郁闭度、灌草作物盖度、地面植被盖度，植被平均高度和 0～20cm 土壤含水量。径流小区产流发生后，加测一次植被乔木郁闭度、灌草作物盖度、地面植被盖度和土壤含水量。

5.2 植被盖度监测

5.2.1 植被盖度调查

乔木郁闭度、灌草作物盖度和地面植被盖度的观测有照相法、目估法和样线针刺法 3 种，建议优先选用照相法，如果采用目估法，需要不定期用样线针刺法进行校正。

郁闭度/盖度测量选用照相法，每个小区只选 1 个代表点，分别观测植被郁闭度/盖度。如果用目估法，应分别选择 3 个点目估。如果小区植被差异较大，可选择多点目估，最后取平均值。

目估植被平均高度与目估植被郁闭度/盖度相同，在小区选择 3 个点，每个点选择 1～3 株植被目估其高度。

（1）照相法。采用照相机垂直向地面（植被盖度）或天空（郁闭度）方向拍照（图 5.1），然后将照片导入计算机，通过专门的图像处理软件获得植被盖度和郁闭度。

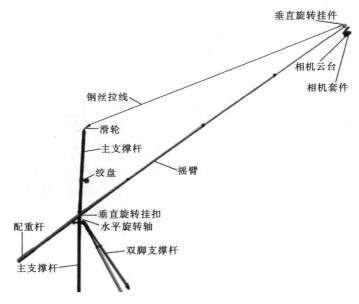

图 5.1 植被郁闭度（盖度）测量仪

（2）目估法。依靠人的经验目视判定郁闭度、植被盖度和地面盖度，见图 5.2。

图 5.2 目估法测量植被盖度

（3）样线针刺法。在小区内选择一条样线，每隔一定间距用探针垂直向下刺，针与草或地面覆盖物相接触即算有，不接触则算无。针与草或地面覆盖物相接触点数占总点数的比值，即为草地或地面盖度。建议样线选择为小区对角线或小区内一条斜线，根据小区尺寸，将总点数控制在 20～50 个，依总点数和样线长度确定样地间距测量。应隔一段时间再次采样，采样结果用于校正目估法。

植被平均高度的测量可选用米尺直接测量，也可根据经验采用目估法判定。

5.2.2　植被盖度计算

照相法植被郁闭度/盖度，将照相获得的照片，导入植被盖度软件后得到计算结果，见图 5.3。

目估法平均郁闭度、植物盖度和地面盖度为测点目估结果的算术平均值，见图 5.4 和图 5.5。

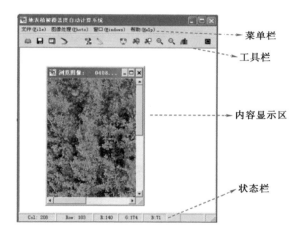

图 5.3　植被盖度软件界面

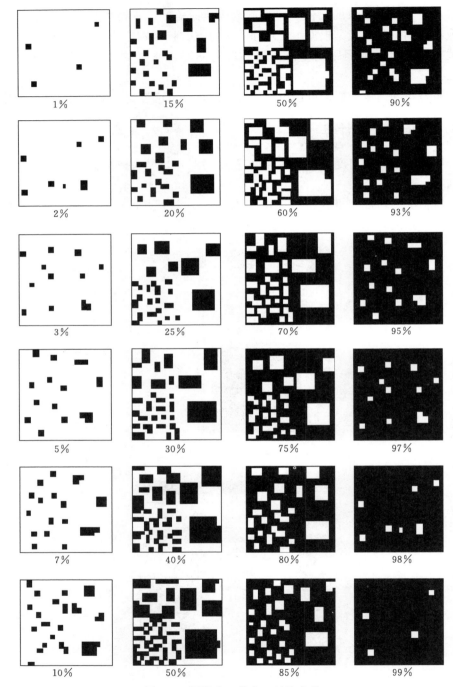

图 5.4   郁闭度（盖度）目估参考

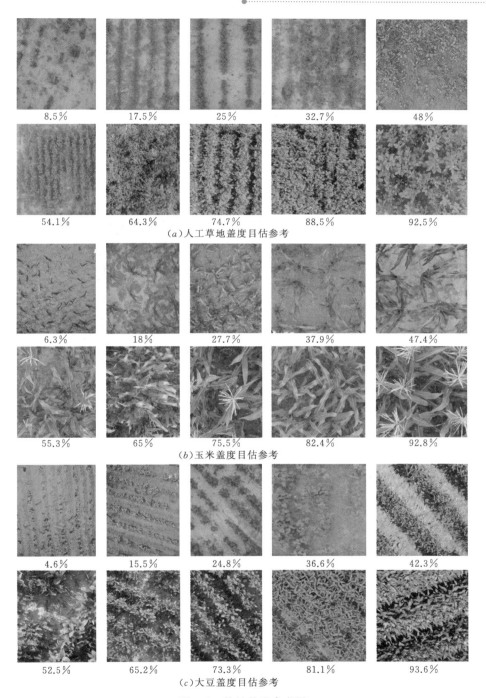

（a）人工草地盖度目估参考

（b）玉米盖度目估参考

（c）大豆盖度目估参考

图 5.5 植被盖度参考图

5.3　土壤含水量监测

5.3.1　土壤含水量监测方法

土壤水分测量优先采用 TDR（图 5.6）或 FDR（图 5.7）等速测仪器。如果无速测仪器，采用打钻取土烘干法。每次在小区保护带打钻，取 0～20cm 混合样。采样后的土孔应用小区外与保护带相同深度的土壤填实。

图 5.6　TDR 土壤水分测量仪

图 5.7　FDR 土壤水分测量仪

如果土壤水分选用速测法，每个小区只选 1 个代表点，并在该点附近测量 3 个重复值，结果记录在小区记录表。如果选用烘干法，将采集的小区保护带 0～20cm 混合样放入 3 个铝盒，室内处理首先称量盒＋湿土，然后将铝盒放于烘箱，在 105℃ 下，烘干 8～12h 至恒重；最后称量铝盒＋干土重，结果填写小区记录表。采用土壤水分速测仪时，应首先采用烘干法对仪器进行率定。

5.3.2　土壤含水量计算

（1）TDR 等速测法。测点水分 1、水分 2 和水分 3 三个读数的算术平均值，计算出体积含水量。

（2）烘干法。查阅土壤水分盒重表，利用下式分别计算 3 个土样的质量含水量，然后取其算术平均值作为小区平均土壤水分：

$$含水量（\%）=\frac{（铝盒＋湿土重）－（铝盒＋干土重）}{（铝盒＋干土重）－铝盒重}\times100\%$$

第 6 章

作物测产

6.1 野外采样

（1）观察。径流小区作物成熟状况，确定测产日期。

（2）准备。准备好记录表、卷尺、刀具、样本袋等表格和工具。

（3）填表头。测量前，先填写好记录表表头，包括测产年、观测人、审核人等信息。

（4）定测点。在每个小区的上部、中部和下部选择 3 个测点。如果小区长度大于 20m，分别在坡上、坡中和坡下均匀定 3 个点；如果小区长度小于 10m，只在坡中定 1 个点；如果小区长度为 10～20m，在小区中线上下 5m 处各定 1 个点。

（5）定样方。每点取样范围建议如下：行播作物取 2～3 行，每行取 2～3m，或按采集株数确定长度，要保持每行长度一致。样方面积一般为 1～4m²，视作物种类而定，密植作物采样范围小。撒播作物可直接取一定面积样方。所取样方边界应距离小区边梗 0.5～1m 以上，防止作物边界效应。

（6）采样本。记录样方长和宽，然后采集样方内所有植株，装入样本袋或用绳捆好，贴好标签。

6.2 室内样本处理

数株数：查数每个样本的作物株数。

称鲜重：称量样本的鲜重，并记录。

称干重：将样本置于晾晒场晒干至恒重，称量样本干重并记录，然后进行秸秆和籽粒分离，称量籽粒干重并记录。径流小区测产观测记录见表 6.1。

表 6.1　　　　　　　　　径流小区测产观测记录表（样表）

测产年：　　　观测人：　　　审核人：　　　　　　　　　第　页，共　页

小区号	月	日	测点	样方长 /m	样方宽 /m	样方面积 /m²	样本株数	样本鲜重 /g	样本干重 /g	籽粒干重 /g	备注

填表说明：

【测产年】指观测年。

【观测人】表格计算人签名。

【审核人】审核人签名。

【第　页，共　页】写清楚计算表总页码和当前页码。

【小区号】指小区编号。

【月、日】填写野外观测的具体某一天。

【测点】坡上、坡中或坡下。

【样方长】行播作物取样行长度或每行取样株数所在的行长，保留整数。

【样方宽】行播作物取样行数乘以行距，或直接测量取样行距离，保留整数。

【样方面积】撒播作物取样确定的样方面积，行播作物为样方长乘以样方宽，保留 1 位小数。

【样本株数】室内数出的每株作物的株数。

【样本鲜重】野外采集的样本称量的鲜重，保留整数。

【样本干重】样本晒干后称量的重量，保留整数。

【籽粒干重】籽粒晒干后称量的重量，保留整数。

【备注】采样时的特殊情况记录。

6.3　产量计算

将径流小区测产记录表录入测产计算表，采用如下方法进行产量计算。径流小区测产计算见表 6.2。

（1）密度。样本株数除以样方面积。

（2）秸秆产量。样本干重减去籽粒干重后除以样方面积。

（3）粮食产量。籽粒干重除以样方面积。

（4）平均密度。测点密度的算术平均值。

（5）平均秸秆产量。测点秸秆产量除以样方面积。

（6）平均粮食产量。测点粮食产量除以样方面积。

（7）收获指数。平均粮食产量除以平均秸秆产量。

表 6.2　　　　　　　　　　　　径流小区测产计算表（样表）

测产年：　　　　　计算人：　　　　审核人：　　　　　　　　　　　　第　　页，共　　页

小区号	测点	密度/(p/m²)	秸秆产量/(kg/hm²)	粮食产量/(kg/hm²)	平均密度/(p/m²)	平均秸秆产量/(kg/hm²)	平均粮食产量/(kg/hm²)	收获指数	备注

填表说明：将测产记录表录入电脑后，增加 10 列，形成测产计算表，新增加的为计算续表。

【测产年】指观测年。

【计算人】表格计算人签名。

【审核人】审核人签名。

【第　　页，共　　页】写清楚计算表总页码和当前页码。

【小区号】指小区编号。

【测点】指观测点位排序号。

【密度】保留整数。

【秸秆产量】保留整数。

【粮食产量】保留整数。

【平均密度】撒播作物取样时，确定的样方面积，保留 1 位小数。

【平均秸秆产量】保留整数。

【平均粮食产量】保留整数。

【收获指数】保留 2 位小数。

【备注】采样时的特殊情况记录。

第7章

监测点运行管理

7.1 组织管理

在全国水土保持监测网络和信息系统建设二期工程中，明确水土保持监测点是生态公益类基础设施，归当地县（市）水利局（水保站）管理，并对水土保持监测站建设及管理提出了相关要求。重点区域监测站点纳入全国水土流失动态监测工作中，由流域机构或水利部水土保持监测中心对监测点运行情况进行检查，并对监测点数据进行统一整汇编。监测网络组织示意图见图7.1。

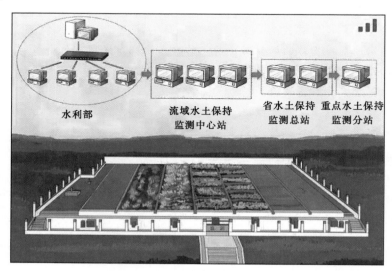

图7.1 监测网络组织示意图

7.2 运行管理

　　水土保持监测点的管理单位，根据监测任务，研究制定本监测点的降雨、径流、泥沙、植被、土壤等项目的监测以及资料整编工作；参加上级水土保持机构组织的资料审查工作；负责基础设施、仪器设备的维护养护；开展相关水土保持基础设施建设；完成上级水土保持机构下达的各项监测任务。各级监测点管理部门通过人事、财务管理，完善相关管理制度的编制与修订，明确岗位职责，对职工进行教育培训和岗位考核，完善监测信息系统管理，提高监测点的运行管理水平。

　　监测站点主要负责人要贯彻执行国家的有关法律、法规、方针政策及上级主管部门的决定、指令。全面负责行政、业务工作，保障监测站运行经费，充分发挥监测站效益。组织制定和实施监测站发展规划及年度工作计划，建立健全各项规章制度，不断提高管理水平。负责防汛抢险总调度工作，保障监测站安全运行。

　　维护管理人员要对监测站基础设施、技术装备、监测环境进行巡查检查、定期检查，按照规程维修养护野外基础设施，写检查维护记录表和处理记录。及时制止保护范围内影响监测站运行和危害监测站安全的各种违法违章行为。

7.3 技术管理

　　水土保持监测点实行岗位负责制。监测点管理人员要管理好本站的基础设施、仪器设备，保持清洁，保证设施设备运行正常，发现故障及时维修养护；按统一的技术规范和标准对降雨、径流、泥沙、植被、土壤等指标，真实记录监测数据；根据相关要求，对原始监测资料按照科学方法和统一规格进行记录、整理和汇编，并及时上报。

　　技术负责人要承担各项监测数据的审核、整编工作，参加监测资料汇审；做好监测站各项指标考核及维修养护工作。同时做好水土保持监测数据的分析计算以及技术报告的编制工作。

　　数据观测人员要承担降雨、径流、泥沙、植被、土壤等指标的监测以及日常巡查工作。对仪器设备的日常保管和养护，解决一般性问题，同时对监测数据进行网络录入与上报。监测点应建立完善的运行管理制度，见图7.2。水土保持监测点监测项目及任务要求见表7.1。

图 7.2 监测点运行管理制度宣传牌

表 7.1　　　　　　　　**水土保持监测点监测项目及任务要求**

监测项目	监 测 要 求
降雨量	采用自记雨量计观测每年 5 月 1 日至 10 月 31 日的降水量,记录间隔时间不大于 5min 1 次
水位/水深	小流域控制站采用自记水位计或人工观测水位变化过程
流量	根据水位变化过程小流域出口堰流计算公式计算流量
含沙量	人工观测通过采样瓶的干沙重量和采样体积计算含沙量,使用自动观测含沙量设备的监测点应定期通过人工观测对自动设备进行检验
植被盖度	径流小区应用拍照法观测植被盖度,小流域控制站可通过遥感影像解译植被盖度
土壤含水量	应用 TDR 法或烘干法测定土壤含水量

第 8 章

监测资料整汇编

8.1 整汇编目的、内容和要求

8.1.1 整汇编目的和内容

水土流失监测资料整编是将每年或多年径流小区和小流域控制站监测结果，按照统一的表格和有要求编辑成册，供水土保持管理部门、水土保持规划和决策部门、水土保持科学研究部门以及相关领域人员使用。

整编内容包括径流小区监测资料和小流域控制站监测资料两个部分。

8.1.2 整汇编要求

在每年监测期结束后的 11 月上旬，由监测单位或对本年度径流小区和小流域控制站监测数据按照统一格式进行整编，年底前将整编后的数据报送上级水土保持监测管理部门，经上级管理部门审核后报送水利部水土保持监测中心。

各省水土保持监测总站应每年组织相关技术人员对所辖监测点的整编数据进行汇编，并把汇编成果编入《中国水土保持公报》。

8.2 径流小区监测资料整汇编

径流小区监测资料整编包括两部分内容：一是资料说明；二是径流小区监测数据整编。资料说明部分要介绍径流小区所属站点自然概况、径流场位置与布设、观测项目与方法、资料整编总体情况和基本图件等。

8.2.1 径流小区文字说明

（1）自然概况。简要介绍监测点所属站点行政区、地理位置（纬度和经度）、所属流域、地形地貌和气候特征、主要土壤和植被类型、其他资源状况等。

（2）监测设施布设与监测内容。简要介绍径流小区布设目的、数量、位置、集流（分流）设施设备、降水观测仪器类型与数量、与径流小区的相对位置，以及其他监测项目等，并填写径流小区基本信息表（样表），见表 8.1。

（3）观测项目与方法。简要介绍各观测项目的具体指标及其观测方法。

（4）资料整编情况。简要介绍整编资料的起止时间、整编表主要指标或项目的计算方法、数据格式等。

（5）基本图件。站点位置图：包括站点所属省行政边界、省内市（地）、县（区）位置、站点位置等。全国水土流失动态监测站点布设示意见图 8.1。

8.2.2 径流小区监测资料整编

8.2.2.1 逐日降水量表

根据径流小区降雨观测数据整理计算日降雨、次降雨、降雨侵蚀力等指标，将整理结果填入逐日降水量表，见表 8.2。

8.2.2.2 降水过程摘录表

根据径流小区降雨观测数据整理摘录降雨过程、将符合摘录条件的降雨填入降水过程摘录表，见表 8.3。

8.2.2.3 径流小区基本情况表

按照径流小区的土地利用方式分农地、林地、灌草地 3 个表，根据径流小区土地利用措施进行填写，见表 8.4～表 8.6。

8.2.2.4 径流小区田间管理表

将径流小区田间管理情况填入径流小区田间管理情况表，见表 8.7。

8.2.2.5 径流小区逐次径流泥沙表

根据降雨资料，将径流小区逐次径流泥沙计算后填入径流小区逐次径流泥沙表，见表 8.8。

8.2.2.6 径流小区逐年径流泥沙表

将每个径流小区逐年降水及其产流产沙数据整理后填入径流小区逐年径流泥沙表，见表 8.9。

表 8.1

径流小区基本信息表（样表）

小区编号	建立年份	设置目的	观测项目	分流级别	分流孔数目	分流孔高度/m	分流桶横截面积/m²	小区未加盖水泥板面积/m²	集流桶横截面积/m²	小区特征													水土保持措施				
										水平投影坡长/m	水平投影宽度/m	小区面积/m²	坡度/(°)	坡向	坡位	土壤类型	土层厚度/cm	有机质含量/%	基岩种类	植被种类	植被覆盖度/%	工程措施		生物措施		
																						类型	规格	种类	苗木规格	苗木数量

填表人：　　　　　　校对人：　　　　　　审核人：　　　　　　填表日期：　　年　月　日

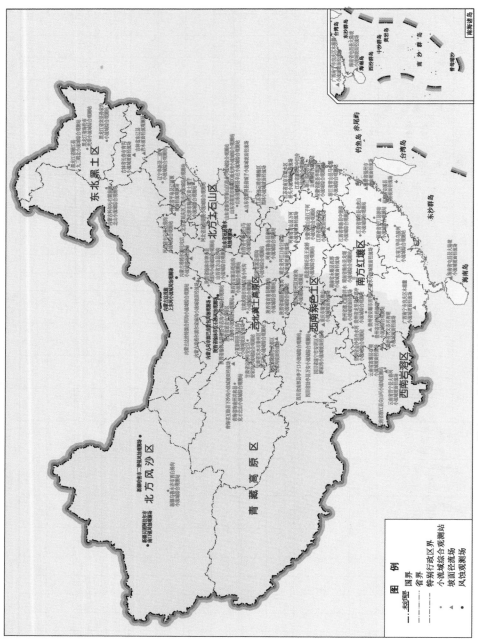

图 8.1　全国水土流失动态监测站点布设示意图

表 8.2 　　　　　　×××小流域坡面径流场　逐日降水量表

日	1月	2月	3月	4月	5月	6月	7月	8月	9月	10月	11月	12月	日
1					2.8				2.4				1
2					26.6	0.6				0.8			2
3					50.8					4.4			3
4					2.8				0.8	13.6			4
5					16.4				5.6				5
6					1	1		35.8					6
7									5.2	22			7
8									7.2	1			8
9									33.8				9
10						4.6			17.8	1.6			10
11					11.8	6.2			0.2	0.2			11
12					25	4.4	2.8						12
13							2.6						13
14					24	1			18.2				14
15						1			13.6				15
16						0.8	34			4.8			16
17						7.2			1.6				17
18						22	1.8						18
19						10.4							19
20													20
21						8.6	10.4			2.6			21
22						6.2	5.4			2.2			22
23					36.6				8.6				23
24					2.4			24.8	35.2				24

续表

日	1月	2月	3月	4月	5月	6月	7月	8月	9月	10月	11月	12月	日
25					0.2	7	36.2	2					25
26									6				26
27									2.2				27
28							18.4						28
29						18							29
30						25.8		34.8		0.6			30
31								14.8		1			31
降水量 /mm					200.4	124	76.6	148	158.4	54.8			降水量 /mm
降水日数					12	15	7	7	5	12			降水日数
最大日降水量 /mm					50.8	25.8	36.2	35.8	35.2	22			最大日降水量 /mm

年统计	降水量 /mm	762.2	日数	68	最大日降水量 /mm	50.8	日期	5月3日	最大月降水量 /mm	200.4	月份	5月
	最大次雨量 /mm	79	历时 /min	2165	最大 I_{30} /(mm/h)	52.8	日期	8月16日	最大降雨侵蚀力 /[MJ·mm /(hm²·h)]	471.07	日期	8月16日
	初雪日期				终雪日期							

填表说明：日雨量填写，横向为月份，纵向为日，对应某月某日。

【降水量】对应每个月的降水总量，单位为 mm，保留 1 位小数。

【降水日数】对应每个月的降水日数。

【年统计】年降水总量。

【降水量】填写年总降水量，为各月降水量的和。

【最大日降水量】【日期】一年内发生的最大日雨量值，及其对应的日期。

【最大月降水量】【月份】一年内发生的最大月总量值，及其对应的月份。

【最大次雨量】【历时】摘自降水过程摘录计算表。

【最大 I_{30}】【日期】摘自降水过程摘录计算表。

【最大降雨侵蚀力】【日期】摘自降水过程摘录计算表。

表 8.3 　　　×××小流域坡面径流场　降水过程摘录表

降水次序	月	日	时	分	累积雨量/mm	累积历时/min	时段降雨			I_{30}/(mm/h)	降雨侵蚀力/[MJ·mm/(hm²·h)]
							雨量/mm	历时/min	雨强/(mm/h)		
1	5	2	22	30	0	0	0	0	0	6.4	68.99
1	5	2	22	35	0.2	5	0.2	5	2.4		
1	5	2	22	50	0.2	20	0	15	0		
1	5	2	22	55	0.4	25	0.2	5	2.4		
1	5	2	23	35	0.4	65	0	40	0		
1	5	2	23	40	0.6	70	0.2	5	2.4		
1	5	2	23	45	0.6	75	0	5	0		
1	5	2	23	50	0.8	80	0.2	5	2.4		
1	5	3	0	0	0.8	90	0	10	0		
1	5	3	0	5	1	95	0.2	5	2.4		
1	5	3	0	10	1.2	100	0.2	5	2.4		
1	5	3	0	15	1.4	105	0.2	5	2.4		
1	5	3	0	20	1.6	110	0.2	5	2.4		
1	5	3	0	25	1.8	115	0.2	5	2.4		
1	5	3	0	30	1.8	120	0	5	0		
1	5	3	0	35	2	125	0.2	5	2.4		
1	5	3	0	50	2	140	0	15	0		
1	5	3	0	55	2.2	145	0.2	5	2.4		
1	5	3	1	5	2.2	155	0	10	0		
1	5	3	1	10	2.4	160	0.2	5	2.4		
1	5	3	1	15	2.4	165	0	5	0		
1	5	3	1	20	2.6	170	0.2	5	2.4		
1	5	3	1	25	2.6	175	0	5	0		
1	5	3	1	30	2.8	180	0.2	5	2.4		
1	5	3	1	35	2.8	185	0	5	0		
1	5	3	1	40	3	190	0.2	5	2.4		
1	5	3	1	45	3.2	195	0.2	5	2.4		
1	5	3	1	55	3.2	205	0	10	0		
1	5	3	2	0	3.4	210	0.2	5	2.4		
1	5	3	2	20	3.4	230	0	20	0		
1	5	3	2	25	3.6	235	0.2	5	2.4		
1	5	3	2	35	3.6	245	0	10	0		
1	5	3	2	40	3.8	250	0.2	5	2.4		
1	5	3	2	45	3.8	255	0	5	0		
1	5	3	2	50	4	260	0.2	5	2.4		
1	5	3	2	55	4.2	265	0.2	5	2.4		
1	5	3	3	0	4.2	270	0	5	0		
1	5	3	3	5	4.4	275	0.2	5	2.4		
1	5	3	3	10	4.6	280	0.2	5	2.4		
1	5	3	3	15	4.8	285	0.2	5	2.4		
1	5	3	3	20	5	290	0.2	5	2.4		
1	5	3	3	25	5.2	295	0.2	5	2.4		
1	5	3	3	30	5.4	300	0.2	5	2.4		
1	5	3	3	35	5.6	305	0.2	5	2.4		
1	5	3	3	40	6	310	0.4	5	4.8		

降水次序	月	日	时	分	累积雨量/mm	累积历时/min	时段降雨 雨量/mm	时段降雨 历时/min	时段降雨 雨强/(mm/h)	I_{30}/(mm/h)	降雨侵蚀力/[MJ·mm/(hm²·h)]
1	5	3	3	45	6.6	315	0.6	5	7.2		
1	5	3	3	50	7	320	0.4	5	4.8		
1	5	3	3	55	7.4	325	0.4	5	4.8		
1	5	3	4	0	7.8	330	0.4	5	4.8		
1	5	3	4	5	8.2	335	0.4	5	4.8		
1	5	3	4	10	8.6	340	0.4	5	4.8		
1	5	3	4	15	9.4	345	0.8	5	9.6		
1	5	3	4	20	9.6	350	0.2	5	2.4		
1	5	3	4	25	10	355	0.4	5	4.8		
1	5	3	4	30	10.4	360	0.4	5	4.8		
1	5	3	4	35	11	365	0.6	5	7.2		
1	5	3	4	40	11.8	370	0.8	5	9.6		
1	5	3	4	45	12	375	0.2	5	2.4		
1	5	3	4	50	12.4	380	0.4	5	4.8		
1	5	3	4	55	12.6	385	0.2	5	2.4		
1	5	3	5	0	12.8	390	0.2	5	2.4		
1	5	3	5	5	13	395	0.2	5	2.4		
1	5	3	5	10	13.2	400	0.2	5	2.4		
1	5	3	5	15	13.4	405	0.2	5	2.4		
1	5	3	5	20	13.6	410	0.2	5	2.4		
1	5	3	5	25	14	415	0.4	5	4.8		
1	5	3	5	30	14.2	420	0.2	5	2.4		
1	5	3	5	35	14.6	425	0.4	5	4.8		
1	5	3	5	40	15	430	0.4	5	4.8		
1	5	3	5	45	15.2	435	0.2	5	2.4		

填表说明：

【降水次序】降雨发生的次序，不包括未达雨量摘录标准的降雨。

【月、日、时、分】用整数表示，指一次降雨的断点时刻。

【累积雨量】一次降雨开始时刻到当前时刻的累积雨量，单位为 mm，保留 1 位小数。

【累积历时】一次降雨开始时刻到当前时刻的累积时间，单位为 min，保留整数。

【时段降雨】三项指标如下：

【雨量】填写上一时刻到当前时刻的累积雨量，单位为 mm，保留 1 位小数。

【历时】填写上一时刻到当前时刻的时间，单位为 min，保留整数。

【雨强】填写上一时刻到当前时刻的时段降雨强度，单位为 mm/h，保留 1 位小数。

【I_{30}】本次降雨的最大 30min 雨强，保留 1 位小数。

【降雨侵蚀力】本次降雨的降雨侵蚀力，保留 2 位小数。

表 8.4　　　×××小流域坡面径流场　径流小区基本情况（农地）表

小区号	坡度/(°)	坡长/m	坡宽/m	面积/m²	坡向/(°)	坡位	土壤类型	土层厚度/cm	水保措施	整地方法	作物	播种方法
1	7	30	5	150	215	坡脚	暗棕壤	25	顺垄	人工整地	向日葵	穴播
2	7	30	5	150	215	坡脚	暗棕壤	25	横垄	人工整地	向日葵	穴播
5	7	30	5	150	215	坡脚	暗棕壤	25	地埂	人工整地	向日葵	穴播
6	7	30	5	150	215	坡脚	暗棕壤	25	植物带	人工整地	向日葵	穴播

小区号	施肥纯量/(kg/hm²)	垄距/cm	株×行距/cm	密度/(株/hm²)	播种日期	中耕日期	收割日期	产量/(kg/hm²) 粮食	产量/(kg/hm²) 秸秆
1	0	60	30×60	55533	5月10日	6月2日、20日	10月1日	3600	
2	0	60	30×60	55533	5月10日	6月2日、20日	10月1日	3800	
5	0	60	30×60	55533	5月10日	6月2日、20日	10月1日	3960	
6	0	60	30×60	55533	5月10日	6月2日、20日	10月1日	3850	

填表说明：

【小区号】小区编号。

【坡度】小区坡面坡度，单位为°，保留整数。

【坡长】小区坡面投影坡长，单位为 m，保留整数。

【坡宽】小区坡面宽度，单位为 m，保留整数。

【面积】小区坡面面积，单位为 m²，保留整数。

【坡向】小区坡向，单位为°，保留整数。

【坡位】填写小区坡位，例如"坡脚"。

【土壤类型】填写小区土壤类型，一般至少填写到土属一类。

【土层厚度】小区土层厚度，单位为 cm，保留整数。

【水保措施】径流小区水土保持措施的名称。

【整地方法】填写小区播种前实施的整地方法。

【作物】填写小区播种的作物名称。

【播种方法】机械播种时的机械名称及方式。

【施肥纯量】N、P、K 施肥总量，备注栏里增添 N、P、K 施肥比例。

【垄距】起垄耕作时的垄距，如不起垄，则空白不填。

【株×行距】行播作物的株距和行距，撒播作物不填。

【密度】单位面积上农作物的株数。

【播种日期】【中耕日期】【收割日期】田间操作的时间。

【产量】填写收割后的秸秆产量和粮食产量。

表 8.5　×××小流域坡面径流场　径流小区基本情况（林地）表

小区号	坡度/(°)	坡长/m	坡宽/m	面积/m²	坡向/(°)	坡位	土壤类型	土层厚度/cm	水保措施	树种	造林方法	株×行距/cm	林龄/年	平均树高/m	平均胸径/cm	平均树冠直径/m	郁闭度	林下植被类型	林下植被主要种类	盖度/%	林下植被平均高度/cm
4	7	150	5	150	215	坡脚	暗棕壤	25	水平阶造林	樟子松	水平坑整地	200×200	13	3.1	15	2.4	0.85	草	禾本科杂草	92	25

填表说明：

【树种】填写小区播种的树木名称。

【造林方法】填写播种造林的具体方法，如穴播、条播、撒播等。

【株×行距】树木的株距和行距。

【林龄】填写树木的年龄，单位为年，保留整数。

【平均树高】填写树木的平均树高，单位为 m，保留 1 位小数。

【平均胸径】填写树木的平均胸径，单位为 m，保留整数。

【平均树冠直径】填写树木的平均树冠直径，单位为 m，保留 2 位小数。

【郁闭度】填写树木的郁闭度，保留 2 位小数。

【林下植被类型】填写林下植被类型，如乔木、草。

【林下植被主要种类】填写林下植被主要的 3 种种类。

【盖度】填写林下植被的盖度，保留整数。

【林下植被平均高度】填写林下植被的平均高度，保留整数。

表 8.6　×××小流域坡面径流场　径流小区基本情况（灌草地）表

小区号	坡度/(°)	坡长/m	坡宽/m	面积/m²	坡向/(°)	坡位	土壤类型	土层厚度/cm	灌草种类	播种日期	播种方法	收割时间	生物量/(kg/hm²)	牧草产量/(kg/hm²)	盖度/%	平均高度/cm
7	7	30	5	15	215	坡脚	暗棕壤	25	禾本科杂草						98	45

表 8.7 ×××小流域综合观测站 径流小区田间管理情况表

小区号	日期	田间操作	工具	土壤耕作深度/cm	备注
12	5月6日	播种，镇压	人工	10	
13	5月6日	日播种，镇压	人工	10	
14	5月6日	播种，镇压	人工	10	
15	5月6日	播种，镇压	人工	10	
16	5月6日	播种，镇压	人工	10	
17	5月6日	播种，镇压	人工	10	
18	5月6日	播种，镇压	人工	10	
19	5月6日	播种，镇压	人工	10	
12	6月5日	撒药	人工		
13	6月5日	撒药	人工		
14	6月5日	撒药	人工		
15	6月5日	撒药	人工		
16	6月5日	撒药	人工		
17	6月5日	撒药	人工		
18	6月5日	撒药	人工		
19	6月5日	撒药	人工		
14	6月8日	培垄	人工		
15	6月8日	培垄	人工		
16	6月8日	培垄	人工		
17	6月8日	培垄	人工		
18	6月8日	培垄	人工		
19	6月8日	培垄	人工		
12	7月12日	洒叶面肥	人工		
13	7月12日	洒叶面肥	人工		
14	7月12日	洒叶面肥	人工		
15	7月12日	洒叶面肥	人工		
16	7月12日	洒叶面肥	人工		

续表

小区号	日期	田间操作	工具	土壤耕作深度 /cm	备注
17	7 月 12 日	洒叶面肥	人工		
18	7 月 12 日	洒叶面肥	人工		
19	7 月 12 日	洒叶面肥	人工		
14	7 月 13 日	培垄	人工		
15	7 月 13 日	培垄	人工		
16	7 月 13 日	培垄	人工		
17	7 月 13 日	培垄	人工		
18	7 月 13 日	培垄	人工		
19	7 月 13 日	培垄	人工		
11	7 月 16 日	培垄	人工		
12	7 月 16 日	培垄	人工		
13	7 月 16 日	培垄	人工		
14	7 月 16 日	培垄	人工		
15	7 月 16 日	培垄	人工		
16	7 月 16 日	培垄	人工		
17	7 月 16 日	培垄	人工		
18	7 月 16 日	培垄	人工		
19	7 月 16 日	培垄	人工		
20	7 月 16 日	培垄	人工		
12	9 月 17 日	收割	人工		
13	9 月 17 日	收割	人工		
14	9 月 17 日	收割	人工		
15	9 月 17 日	收割	人工		
16	9 月 17 日	收割	人工		
17	9 月 17 日	收割	人工		
18	9 月 17 日	收割	人工		
19	9 月 17 日	收割	人工		

表 8.8 ×××小流域坡面径流场 径流小区逐次径流泥沙表

小区号	降雨起 月	降雨起 日	降雨起 时:分	降雨止 日	降雨止 时:分	历时/min	雨量/mm	平均雨强/(mm/h)	I_{30}/(mm/h)	降雨侵蚀力/[MJ·mm/(hm²·h)]	径流深/mm	径流系数	含沙量/(g/L)	土壤流失量/(t/hm²)	雨前土壤含水量/%	雨后土壤含水量/%	植被盖度/%	平均高度/m	备注
1	6	18	16:05	18	20:05	240	15.4	3.8	14.8	55.2	4.54	0.29	38.39	1.74			73		
3	6	18	18:05	20	22:05	240	15.4	3.8	14.8	55.2	4.83	0.31	147.64	7.13			73		
5	6	18	20:05	22	0:05	240	15.4	3.8	14.8	55.2	3.52	0.23	172.53	6.07			73		
1	6	19	15:30	19	16:05	35	10.4	17.8	20.4	54.29	2.97	0.29	67.01	1.99			75		
3	6	19	17:30	21	18:05	35	10.4	17.8	20.4	54.29	2.80	0.27	256.91	7.20			75		
4	6	19	18:30	22	19:05	35	10.4	17.8	20.4	54.29	0.05	0.00	242.00	0.12			75		
5	6	19	19:30	23	20:05	35	10.4	17.8	20.4	54.29	3.06	0.29	352.00	10.77			75		
1	6	22	5:35	22	6:10	35	8.6	14.7	16.8	36.27	0.61	0.07	100.83	0.62			83		
3	6	22	7:35	24	8:10	35	8.6	14.7	16.8	36.27	0.78	0.09	198.36	1.54			83		
4	6	22	8:35	25	9:10	35	8.6	14.7	16.8	36.27	0.04	0.01	142.35	0.06			83		
5	6	22	9:35	26	10:10	35	8.6	14.7	16.8	36.27	0.88	0.10	210.43	1.85			83		
1	6	25	15:35	25	18:15	160	6.8	2.6	7.2	11.33	0.59	0.09	105.22	0.62			85		
3	6	25	17:35	27	20:15	160	6.8	2.6	7.2	11.33	0.78	0.11	158.69	1.23			85		
5	6	25	19:35	29	22:15	160	6.8	2.6	7.2	11.33	0.85	0.13	180.60	1.54			85		
1	6	29	17:25	30	2:40	555	18	1.9	21.2	85.95	0.60	0.03	51.49	0.31			90		
3	6	29	19:25	32	4:40	555	18	1.9	21.2	85.95	0.62	0.03	119.51	0.74			90		
5	6	29	21:25	34	6:40	555	18	1.9	21.2	85.95	0.93	0.05	165.75	1.54			90		
1	6	30	10:20	1	4:00	1060	25.8	1.5	15.6	80.43	1.52	0.06	73.93	1.13			90		
3	6	30	12:20	3	6:00	1060	25.8	1.5	15.6	80.43	3.81	0.15	130.23	4.97			90		
4	6	30	13:20	4	7:00	1060	25.8	1.5	15.6	80.43	0.76	0.03	16.24	0.12			90		
5	6	30	14:20	5	8:00	1060	25.8	1.5	15.6	80.43	4.38	0.17	155.95	6.83			90		
6	6	30	15:20	6	9:00	1060	25.8	1.5	15.6	80.43	0.56	0.02	22.20	0.12			90		

续表

小区号	降雨起 月	降雨起 日	降雨起 时:分	降雨止 日	降雨止 时:分	历时/min	雨量/mm	平均雨强/(mm/h)	I_{30}/(mm/h)	降雨侵蚀力/[MJ·mm/(hm²·h)]	径流深/mm	径流系数	含沙量/(g/L)	土壤流失量/(t/hm²)	雨前土壤含水量/%	雨后土壤含水量/%	植被盖度/%	平均高度/m	备注
3	7	25	15:05	28	3:05	720	36.2	3	13.2	87.38	0.11	0.00	55.00	0.06			95		
5	7	25	17:05	30	5:05	720	36.2	3	13.2	87.38	0.65	0.02	94.90	0.62			95		
3	8	6	22:20	9	6:25	485	35.8	4.4	31.6	247.04	0.70	0.04	61.38	0.43			95		
5	8	6	0:20	11	8:25	485	35.8	4.4	31.6	247.04	0.88	0.05	90.92	0.80			95		
1	8	16	22:05	17	0:25	140	34	14.6	52.8	471.07	2.01	0.06	49.45	0.99			95		
3	8	16	0:05	19	2:25	140	34	14.6	52.8	471.07	3.50	0.10	151.87	5.32			95		
4	8	16	1:05	20	3:25	140	34	14.6	52.8	471.07	0.10	0.00	127.37	0.12			95		
5	8	16	2:05	21	4:25	140	34	14.6	52.8	471.07	5.93	0.17	52.62	3.12			95		
6	8	16	3:05	22	5:25	140	34	14.6	52.8	471.07	0.15	0.00	201.67	0.31			95		
1	9	9	7:05	9	16:05	540	34	3.8	24	172.74	0.65	0.02	19.13	0.12			95		
3	9	9	9:05	11	18:05	540	34	3.8	24	172.74	3.04	0.09	20.53	0.62			95		
4	9	9	10:05	12	19:05	540	34	3.8	24	172.74	0.07	0.00	93.08	0.06			95		
5	9	9	11:05	13	20:05	540	34	3.8	24	172.74	1.09	0.03	28.27	0.31			95		
6	9	9	12:05	14	21:05	540	34	3.8	24	172.74	0.28	0.01	22.20	0.06			95		
1	9	10	17:00	10	20:00	180	17.8	5.9	15.6	64.62	1.54	0.05	4.02	0.06			95		
3	9	10	19:00	12	22:00	180	17.8	5.9	15.6	64.62	3.50	0.10	14.32	0.50			95		
4	9	10	20:00	13	23:00	180	17.8	5.9	15.6	64.62	0.11	0.00	53.78	0.06			95		
5	9	10	21:00	14	0:00	180	17.8	5.9	15.6	64.62	2.68	0.08	37.08	0.99			95		
6	9	10	22:00	15	1:00	180	18.2	3.6	16.4	59.67	0.06	0.00	105.22	0.06			95		
1	9	15	0:55	15	6:00	305	18.2	3.6	16.4	59.67	0.17	0.01	36.12	0.06			95		
3	9	15	2:55	17	8:00	305	18.2	3.6	16.4	59.67	0.89	0.05	13.91	0.12			95		
4	9	15	3:55	18	9:00	305	18.2	3.6	16.4	59.67	0.02	0.00	268.89	0.06			95		

续表

小区号	降雨起			降雨止		历时/min	雨量/mm	平均雨强/(mm/h)	I_{30}/(mm/h)	降雨侵蚀力/[MJ·mm/(hm²·h)]	径流深/mm	径流系数	含沙量/(g/L)	土壤流失量/(t/hm²)	雨前土壤含水量/%	雨后土壤含水量/%	植被盖度/%	平均高度/m	备注
	月	日	时:分	日	时:分														
5	9	15	4:55	19	10:00	305	18.2	3.6	16.4	59.67	0.66	0.04	18.83	0.12			95		
1	9	15	21:35	16	6:00	505	13.6	1.6	15.6	45.05	1.84	0.10	30.55	0.56			95		
3	9	15	23:35	18	8:00	505	13.6	1.6	15.6	45.05	3.08	0.17	26.28	0.81			95		
4	9	15	0:35	19	9:00	505	13.6	1.6	15.6	45.05	0.04	0.00	142.35	0.06			95		
5	9	15	1:35	20	10:00	505	13.6	1.6	15.6	45.05	6.75	0.37	10.16	0.69			95		
6	9	15	2:35	21	11:00	505	13.6	1.6	15.6	45.05	0.07	0.00	268.89	0.19			95		
1	9	24	19:55	25	0:05	250	35.2	8.4	31.2	269.29	4.57	0.34	24.65	1.13			95		
3	9	24	21:55	27	2:05	250	35.2	8.4	31.2	269.29	7.09	0.52	27.96	1.98			95		
4	9	24	22:55	28	3:05	250	35.2	8.4	31.2	269.29	0.25	0.02	49.39	0.12			95		
5	9	24	23:55	29	4:05	250	35.2	8.4	31.2	269.29	7.31	0.54	35.64	2.61			95		
6	9	24	0:55	30	5:05	250	35.2	8.4	31.2	269.29	0.49	0.04	125.39	0.62			95		
1	9	27	6:50	27	8:45	115	8.2	4.3	13.6	25.42	0.85	0.02	50.87	0.43			95		
3	9	27	8:50	29	10:45	115	8.2	4.3	13.6	25.42	2.52	0.07	64.35	1.62			95		
5	9	27	10:50	31	12:45	115	8.2	4.3	13.6	25.42	4.70	0.13	33.11	1.56			95		
6	9	27	11:50	32	13:45	115	8.2	4.3	13.6	25.42	0.06	0.00	193.60	0.12			95		
1	10	3	4:30	3	10:55	385	5.2	0.8	8	9.49	0.24	0.03	201.67	0.49			95		

填表说明：
【雨前土壤含水量】距离本次产流最近时间观测的土壤含水量。
【雨后土壤含水量】产流后加测一次土壤含水量，保留1位小数。
【平均高度】产流后加测一次植被高度填写，保留1位小数。

表8.9　　　×××小流域坡面径流场　径流小区逐年径流泥沙表

小区号	坡度/(°)	坡长/m	坡宽/m	土地利用	水土保持措施	降水量/mm	降雨侵蚀力/[MJ·mm/(hm²·h)]	径流深/mm	径流系数	土壤流失量/(t/hm²)	备注
1	3	20	5	耕地	无	762.2	1799	22.9	0.03	10.32	
2	3	20	5	耕地	秸秆覆盖	762.2	1799	0	0	0	
3	6	20	5	耕地	无	762.2	1799	39.9	0.05	35.15	
4	6	20	5	耕地	秸秆覆盖	762.2	1799	1.4	0	0.8	
5	9	20	5	耕地	无	762.2	1799	45.8	0.06	40.29	
6	9	20	5	耕地	秸秆覆盖	762.2	1799	1.7	0	1.48	

8.2.2.7　径流小区土壤含水量和植被盖度表

将记录的每个径流小区的植被盖度和0～20cm土壤水分填入径流小区土壤含水量和植被盖度表，见表8.10。

表8.10　×××小流域综合观测站　径流小区土壤含水量和植被盖度表

小区号	测次	月	日	土壤深度/cm	土壤含水量/%	两测次间降水/mm	植被盖度/%	植被平均高度/m	备注
11	1	5	14	5	21.5	22.8	0	0	
12	1	5	14	5	20.2	22.8	0	0	
13	1	5	14	5	20	22.8	0	0	
14	1	5	14	5	22.3	22.8	0	0	
15	1	5	14	5	23	22.8	0	0	
17	1	5	14	5	20.4	22.8	0	0	
20	1	5	14	5	14.5	22.8	0	0	
11	2	5	25	5	29.3	18.6	0	0	
12	2	5	25	5	29.4	18.6	0	0	
13	2	5	25	5	29.4	18.6	0	0	
14	2	5	25	5	30	18.6	0	0	
15	2	5	25	5	27.1	18.6	0	0	
17	2	5	25	5	28	18.6	0	0	
20	2	5	25	5	22.9	18.6	0	0	
11	3	6	4	5	23	18.1	0	0	
12	3	6	4	5	20.6	18.1	3	0.1	
13	3	6	4	5	22.7	18.1	1	0	

续表

小区号	测次	月	日	土壤深度 /cm	土壤含水量 /%	两测次间降水 /mm	植被盖度 /%	植被平均高度 /m	备注
14	3	6	4	5	20.2	18.1	3	0.1	
15	3	6	4	5	17.3	18.1	3	0.1	
17	3	6	4	5	20.9	18.1	3	0.1	
20	3	6	4	5	16.5	18.1	0	0	
11	4	6	15	5	19.2	16.3	0	0	
12	4	6	15	5	19.4	16.3	9	0.1	
13	4	6	15	5	24.4	16.3	8	0.1	
14	4	6	15	5	20.8	16.3	10	0.1	
15	4	6	15	5	20.3	16.3	10	0.1	
17	4	6	15	5	20.1	16.3	10	0.1	
20	4	6	15	5	20.1	16.3	0	0	
11	5	6	17	5	27.5	29.3	0	0	
12	5	6	17	5	27.8	29.3	9	0.1	
13	5	6	17	5	30.3	29.3	8	0.1	
14	5	6	17	5	28.3	29.3	10	0.1	
15	5	6	17	5	26.2	29.3	10	0.1	
17	5	6	17	5	24.2	29.3	10	0.1	
20	5	6	17	5	27.3	29.3	0	0	
11	6	6	24	5	20.4	11.9	0	0	
12	6	6	24	5	21.9	11.9	23	0.2	
13	6	6	24	5	23.9	11.9	23	0.2	
14	6	6	24	5	22	11.9	24	0.2	
15	6	6	24	5	21.7	11.9	26	0.3	
16	6	6	24	5	22.4	11.9	26	0.3	
17	6	6	24	5	21.8	11.9	24	0.3	
20	6	6	24	5	18.1	11.9	0	0	
11	7	7	1	5	36.9	35.3	0	0	
12	7	7	1	5	34.2	35.3	25	0.3	
13	7	7	1	5	39	35.3	25	0.3	
14	7	7	1	5	36.1	35.3	28	0.3	
15	7	7	1	5	36.3	35.3	30	0.3	
16	7	7	1	5	36.7	35.3	28	0.3	
17	7	7	1	5	39.2	35.3	28	0.3	

小区号	测次	月	日	土壤深度 /cm	土壤含水量 /%	两测次间降水 /mm	植被盖度 /%	植被平均高度 /m	备注
20	7	7	1	5	36.8	35.3	0	0	
11	8	7	4	5	23.3	1.3	0	0	
12	8	7	4	5	19.6	1.3	31	0.4	
13	8	7	4	5	22.5	1.3	31	0.3	
14	8	7	4	5	19.6	1.3	35	0.4	
15	8	7	4	5	19.6	1.3	35	0.4	
16	8	7	4	5	23.1	1.3	35	0.4	
17	8	7	4	5	20.5	1.3	35	0.4	
20	8	7	4	5	20.2	1.3	0	0	
11	9	7	14	5	18.8	16.3	0	0	
12	9	7	14	5	15.9	16.3	70	0.6	
13	9	7	14	5	15.4	16.3	70	0.6	
14	9	7	14	5	14.2	16.3	75	0.6	
15	9	7	14	5	13.3	16.3	80	0.6	
16	9	7	14	5	14.6	16.3	80	0.6	
17	9	7	14	5	15.3	16.3	77	0.6	
20	9	7	14	5	19.4	16.3	0	0	
11	10	7	24	5	16.3	2.2	0	0	
12	10	7	24	5	10.2	2.2	80	0.7	
13	10	7	24	5	10.7	2.2	80	0.7	
14	10	7	24	5	8.3	2.2	85	0.8	
15	10	7	24	5	8.1	2.2	90	0.8	
16	10	7	24	5	7.8	2.2	90	0.9	
17	10	7	24	5	8.2	2.2	86	0.8	
20	10	7	24	5	13.3	2.2	0	0	
11	11	8	4	5	12.9	3.1	0	0	
12	11	8	4	5	7.9	3.1	90	0.8	
13	11	8	4	5	7.8	3.1	90	0.8	
14	11	8	4	5	6.3	3.1	95	0.9	
15	11	8	4	5	6.2	3.1	95	0.9	
16	11	8	4	5	5.8	3.1	97	0.9	
17	11	8	4	5	5.6	3.1	94	0.9	
20	11	8	4	5	10.2	3.1	0	0	

续表

小区号	测次	月	日	土壤深度/cm	土壤含水量/%	两测次间降水/mm	植被盖度/%	植被平均高度/m	备注
11	12	8	13	5	14.3	12.5	0	0	
12	12	8	13	5	12.4	12.5	92	0.9	
13	12	8	13	5	12.7	12.5	92	0.9	
14	12	8	13	5	10.4	12.5	97	0.8	
15	12	8	13	5	10.9	12.5	97	0.9	
16	12	8	13	5	9.1	12.5	98	0.9	
17	12	8	13	5	9.9	12.5	95	0.9	
20	12	8	13	5	14.3	12.5	0	0	
11	13	8	23	5	14.6	4.9	0	0	
12	13	8	23	5	10.7	4.9	93	0.8	
13	13	8	23	5	10.1	4.9	94	0.7	
14	13	8	23	5	10.4	4.9	98	0.8	
15	13	8	23	5	9.4	4.9	98	0	
16	13	8	23	5	8.8	4.9	98	0	
17	13	8	23	5	9.3	4.9	97	0	
20	13	8	23	5	11.3	4.9	0	0	
11	14	9	3	5	36.5	38.3	0	0	
12	14	9	3	5	34.9	38.3	61	0	
13	14	9	3	5	35.7	38.3	69	0	
14	14	9	3	5	36.4	38.3	53	0	
15	14	9	3	5	34.9	38.3	49	0	
16	14	9	3	5	32.5	38.3	37	0	
17	14	9	3	5	33.4	38.3	42	0	
20	14	9	3	5	36.2	38.3	0	0	
11	15	9	9	5	38.3	43.4	0	0	
12	15	9	9	5	35.7	43.4	0	0	
13	15	9	9	5	33.2	43.4	0	0	
14	15	9	9	5	32.8	43.4	0	0	
15	15	9	9	5	31.1	43.4	0	0	
16	15	9	9	5	34	43.4	0	0	
17	15	9	9	5	32.5	43.4	0	0	
20	15	9	9	5	35.2	43.4	0	0	
11	16	9	13	5	21.3	0.7	0	0	

小区号	测次	月	日	土壤深度/cm	土壤含水量/%	两测次间降水/mm	植被盖度/%	植被平均高度/m	备注
12	16	9	13	5	27.4	0.7	32	0.8	
13	16	9	13	5	28.1	0.7	33	0.8	
14	16	9	13	5	26.2	0.7	33	0.8	
15	16	9	13	5	23.1	0.7	36	0.8	
16	16	9	13	5	25.9	0.7	33	0.8	
17	16	9	13	5	23.9	0.7	30	0.8	
20	16	9	13	5	19.4	0.7	0	0	
11	17	9	15	5	32.5	24.4	0	0	
12	17	9	15	5	34.9	24.4	0	0	
13	17	9	15	5	34.5	24.4	0	0	
14	17	9	15	5	35.2	24.4	0	0	
15	17	9	15	5	32.9	24.4	0	0	
16	17	9	15	5	34	24.4	0	0	
17	17	9	15	5	34.6	24.4	0	0	

填表说明：

　　【备注】土壤含水量测量是 TDR 法需要备注；植被盖度测量是目估法需备注说明。

8.3　小流域控制站监测资料整汇编

　　小流域控制站监测资料整编包括资料说明和小流域控制站监测数据整编两部分内容。

8.3.1　资料说明

　　资料说明用文字和表格表述，主要介绍小流域自然概况、土地利用与水土保持情况、观测目的与站点布设、观测项目与方法、资料整编情况和基本图件等。

　　（1）自然概况。简要介绍施测小流域所属行政区、地理位置（纬度和经度）、流域面积、所属大江大河流域或支流、地形地貌和气候特征、主要土壤和植被类型、土地利用、社会经济活动等。并填小流域基本信息表，见表8.11。

表 8.11 ×××**小流域 2 号控制站 小流域基本信息表**

地理位置：×××省×××（县、区）×××镇×××村

地理坐标：东经×××　北纬×××

<table>
<tr><td colspan="8" align="center">自 然 情 况</td></tr>
<tr><td rowspan="2">气候特征</td><td>年平均温度
/℃</td><td>年最高温度
/℃</td><td>年最低温度
/℃</td><td>≥10℃积温
/℃</td><td>无霜期
/d</td><td>年均降雨量
/mm</td><td colspan="2">年蒸发量
/mm</td></tr>
<tr><td>0.4</td><td>37.0</td><td>−43.7</td><td>2100</td><td>115</td><td>502</td><td colspan="2">1270</td></tr>
<tr><td rowspan="2">流域特征</td><td>平均海拔
/m</td><td>最高海拔
/m</td><td>最低海拔
/m</td><td>流域面积
/km²</td><td>流域长度
/km</td><td>沟壑密度
/(km/km²)</td><td>流域形
状系数</td><td>主沟道纵
比降/%</td></tr>
<tr><td>351</td><td>376</td><td>319</td><td>3.5</td><td>2612</td><td>0.512</td><td>1.09</td><td>2.1</td></tr>
<tr><td rowspan="2">坡度分级</td><td>坡名</td><td>平坡</td><td>缓坡</td><td>中等坡</td><td>斜坡</td><td>陡坡</td><td>急坡</td><td>急陡坡</td></tr>
<tr><td>坡度/(°)</td><td>≤3</td><td>3～5</td><td>5～8</td><td>8～15</td><td>15～25</td><td>25～35</td><td>＞35</td></tr>
<tr><td>占比/%</td><td>83.5</td><td>16.5</td><td>0</td><td>0</td><td>0</td><td>0</td><td>0</td></tr>
<tr><td rowspan="2">土壤与土
壤侵蚀
状况</td><td colspan="4" align="center">主要土壤类型</td><td>平均土层
厚度/cm</td><td>流域平均
输沙模数/
[t/(km²·a)]</td><td>土壤侵蚀
模数/[t/
(km²·a)]</td><td>流域综合
治理度
/%</td></tr>
<tr><td colspan="4" align="center">黑土</td><td>45</td><td>305</td><td>544</td><td>54.3</td></tr>
<tr><td colspan="9" align="center">土地利用结构/hm²</td></tr>
<tr><td>总面积</td><td>耕地</td><td>园地</td><td>林地</td><td>草地</td><td>居民点及工
况交通用地</td><td>水域及水利
设施</td><td>未利用地</td><td>其他用地</td></tr>
<tr><td>359</td><td>328</td><td>0</td><td>5.4</td><td>19</td><td>6.8</td><td>0</td><td>0</td><td>0</td></tr>
</table>

<table>
<tr><td colspan="2" align="center">流量堰规格参数</td></tr>
<tr><td>流量堰类型</td><td>巴塞尔（　　）　　　　　　　矩形薄壁堰（　　）
三角形薄壁堰（　　）　　　　三角剖面堰（　　）
其他__三角矩形复合薄壁堰__（√）</td></tr>
<tr><td>巴塞尔</td><td>喉道宽度/m：
流量计算公式：</td></tr>
<tr><td>三角形薄壁堰</td><td>堰顶角/(°)：
流量计算公式：</td></tr>
<tr><td rowspan="4">矩形薄壁堰</td><td>堰宽/m：</td></tr>
<tr><td>有无侧向收缩：有（　　）/无（　　）</td></tr>
<tr><td>进水渠宽度/m：　　　　　　　　　　收缩比：</td></tr>
<tr><td>流量计算公式：</td></tr>
<tr><td rowspan="2">三角剖面堰</td><td>流量系数（C_d）　　　　影响系数（C_V）　　　　堰宽/m</td></tr>
<tr><td>流量计算公式：</td></tr>
<tr><td>其他</td><td>矩形槽流量计算公式：
三角堰部分　堰顶角：136.5°；高度：0.5m；流量系数（C_d）：0.58
矩形堰部分　堰宽：6m；流量系数（C_d）：0.60；进水渠宽度：6m；无侧向收缩
流量计算公式：
（1）水位在三角堰高度以下：$Q = \dfrac{8}{15} C_{d1} \sqrt{2g} \tan\left(\dfrac{a}{2}\right) H^{2.5}$
（2）水位大于三角堰高度：$Q = \dfrac{2}{3} C_{d2} B \sqrt{2g} H^{1.5} + \dfrac{8}{15} C_{d1} \sqrt{2g} \tan\left(\dfrac{a}{2}\right) H_0^{2.5}$</td></tr>
</table>

（2）土地利用与水土保持。简要介绍小流域内土地利用现状（包括土地利用类型、分布、经营特点及存在问题等）、水土保持措施类型与分布等，如有拦蓄工程，如水库、骨干塘堰等，应描述建设年代、数量、设计库容以及拦蓄或淤积情况等。

（3）观测目的与站点布设。简要介绍小流域设站的观测目的、主要监测设施情况（包括量水建筑物位置、类型、主要参数、流量计算公式等）、降水观测仪器数量、类型和分布等。

（4）观测项目与方法。简要介绍各项具体指标及其观测方法。

（5）资料整编情况。简要介绍整编资料的起止年、整编表主要指标或项目的计算方法、流量计算公式、数据格式等。

（6）基本图件。小流域观测布设图：以小流域地形图为原图，标绘量水堰（槽）和雨量点位置。

8.3.2　小流域控制站监测整编表

（1）逐日降水量表。根据小流域降雨观测数据整理计算日降雨、次降雨、降雨侵蚀力等指标，将整理结果填入逐日降水量表，见表 8.12。

表 8.12　　　×××小流域 2 号控制站　逐日降水量表

日	1 月	2 月	3 月	4 月	5 月	6 月	7 月	8 月	9 月	10 月	11 月	12 月	日
1						5.1			11.7				1
2						0.3			7.4				2
3							1.0		4.3				3
4								0.5	2.8				4
5								4.8	0.5				5
6								3.3	11.7				6
7						2.0	8.9		18.0				7
8						0.5			0.3				8
9													9
10						10.4							10
11					8.9		0.5	0.8					11
12					7.6	0.3	4.6						12
13					0.8	2.5			0.3				13
14					21.8				22.1				14
15					4.8				0.8				15

续表

日	1月	2月	3月	4月	5月	6月	7月	8月	9月	10月	11月	12月	日
16						39.1			1.0				16
17						0.3		0.5					17
18						2.5			0.3				18
19													19
20						4.3	0.3						20
21						1.3	0.3						21
22							0.3						22
23					1.0		1.5	4.1					23
24					10.9	2		0.3					24
25								0.3					25
26					6.9		2.0						26
27					3.3								27
28					3.0	6.6	0.3						28
29					5.3	23.6							29
30					3.3	0.5			5.6				30
31								6.3					31
降水量	0.0	0.0	0.0	0.0	77.6	101.3	19.7	26.5	81.2	0.0	0.0	0.0	降水量
降水日数	0	0	0	0	12	16	10	10	13	0	0	0	降水日数
最大日降水量	0.0	0.0	0.0	0.0	21.8	39.1	8.9	6.3	22.1	0.0	0.0	0.0	最大日降水量

年统计	降水量	306.3	日数	61	最大日降水量	39.1	日期	6月16日	最大月降水量	101.3	月份	6月
	最大次雨量	39.1	历时	225	最大 I_{30}	43.18	日期	6月16日	最大降雨侵蚀力	418.5	日期	6月16日
	初雪日期		终雪日期									

备注	降水量：mm；历时：min；I_{30}：mm/h；最大降雨侵蚀力：MJ·mm/(hm²·h)

（2）降水过程摘录表。根据小流域降雨观测数据整理摘录降雨过程、将符合摘录条件的降雨填入降水过程摘录表，见表8.13。

表 8.13 　　　　　×××小流域 2 号控制站　 降水过程摘录表

降水次序	月	日	时	分	累积雨量/mm	累积历时/min	时段降雨			I_{30}/(mm/h)	降雨侵蚀力/[MJ·mm/(hm²·h)]
							雨量/mm	历时/min	雨强/(mm/h)		
1	5	15	13	48	22.4	1535	0.3	5	3.1		
1	5	15	14	3	22.4	1550	0.0	15	0.0		
1	5	15	14	8	22.6	1555	0.3	5	3.1		
1	5	15	14	33	22.6	1580	0.0	25	0.0		
1	5	15	14	38	22.9	1585	0.3	5	3.1		
1	5	15	14	43	22.9	1590	0.0	5	0.0		
1	5	15	14	48	23.1	1595	0.3	5	3.1		
1	5	15	15	28	23.1	1635	0.0	40	0.0		
1	5	15	15	33	23.4	1640	0.3	5	3.1		
1	5	15	15	43	23.4	1650	0.0	10	0.0		
1	5	15	15	48	23.6	1655	0.3	5	3.1		
1	5	15	16	3	23.6	1670	0.0	15	0.0		
1	5	15	16	8	23.9	1675	0.3	5	3.1		
1	5	15	16	23	23.9	1690	0.0	15	0.0		
1	5	15	16	28	24.1	1695	0.3	5	3.1		
1	5	15	20	28	24.1	1935	0.0	240	0.0		
1	5	15	20	33	24.4	1940	0.3	5	3.1		
1	5	15	20	38	24.6	1945	0.3	5	3.1		
1	5	15	21	3	24.6	1970	0.0	25	0.0		
1	5	15	21	8	24.9	1975	0.3	5	3.1		
2	5	24	5	3	0.0	0	0.0	0	0.0	1.5	2.3
2	5	24	5	8	0.3	5	0.3	5	3.1		
2	5	24	6	3	0.3	60	0.0	55	0.0		
2	5	24	6	8	0.5	65	0.3	5	3.1		
2	5	24	6	43	0.5	100	0.0	35	0.0		
2	5	24	6	48	0.8	105	0.3	5	3.1		
2	5	24	7	18	0.8	135	0.0	30	0.0		
2	5	24	7	23	1.0	140	0.3	5	3.1		
2	5	24	8	8	1.0	185	0.0	45	0.0		
2	5	24	8	13	1.3	190	0.3	5	3.1		
2	5	24	8	33	1.3	210	0.0	20	0.0		
2	5	24	8	38	1.5	215	0.3	5	3.1		

续表

| 降水次序 | 月 | 日 | 时 | 分 | 累积雨量/mm | 累积历时/min | 时段降雨 | | | I_{30}/(mm/h) | 降雨侵蚀力/[MJ·mm/(hm²·h)] |
							雨量/mm	历时/min	雨强/(mm/h)		
2	5	24	8	58	1.5	235	0.0	20	0.0		
2	5	24	9	3	1.8	240	0.3	5	3.1		
2	5	24	9	18	1.8	255	0.0	15	0.0		
2	5	24	9	23	2.0	260	0.3	5	3.1		
2	5	24	10	13	2.0	310	0.0	50	0.0		
2	5	24	10	18	2.3	315	0.3	5	3.1		
2	5	24	10	28	2.3	325	0.0	10	0.0		
2	5	24	10	33	2.5	330	0.3	5	3.1		
2	5	24	10	43	2.5	340	0.0	10	0.0		
2	5	24	10	48	2.8	345	0.3	5	3.1		
2	5	24	10	53	2.8	350	0.0	5	0.0		
2	5	24	10	58	3.0	355	0.3	5	3.1		
2	5	24	11	8	3.0	365	0.0	10	0.0		
2	5	24	11	13	3.3	370	0.3	5	3.1		
2	5	24	11	18	3.3	375	0.0	5	0.0		
2	5	24	11	23	3.6	380	0.3	5	3.1		
2	5	24	11	33	3.6	390	0.0	10	0.0		
2	5	24	11	38	3.8	395	0.3	5	3.1		
2	5	24	11	43	3.8	400	0.0	5	0.0		
2	5	24	11	48	4.1	405	0.3	5	3.1		
2	5	24	11	58	4.1	415	0.0	10	0.0		
2	5	24	12	3	4.3	420	0.3	5	3.1		
2	5	24	12	8	4.3	425	0.0	5	0.0		
2	5	24	12	13	4.6	430	0.3	5	3.1		
2	5	24	12	33	4.6	450	0.0	20	0.0		
2	5	24	12	38	4.8	455	0.3	5	3.1		
2	5	24	12	53	4.8	470	0.0	15	0.0		
2	5	24	12	58	5.1	475	0.3	5	3.1		
2	5	24	13	3	5.1	480	0.0	5	0.0		
2	5	24	13	8	5.3	485	0.3	5	3.1		
2	5	24	13	13	5.3	490	0.0	5	0.0		
2	5	24	13	18	5.6	495	0.3	5	3.1		

续表

| 降水
次序 | 月 | 日 | 时 | 分 | 累积
雨量
/mm | 累积
历时
/min | 时段降雨 | | | I_{30}
/(mm/h) | 降雨侵蚀力
/[MJ·mm
/(hm²·h)] |
							雨量 /mm	历时 /min	雨强 /(mm/h)		
2	5	24	13	28	5.6	505	0.0	10	0.0		
2	5	24	13	33	5.8	510	0.3	5	3.1		
2	5	24	13	43	5.8	520	0.0	10	0.0		
2	5	24	13	48	6.1	525	0.3	5	3.1		
2	5	24	13	53	6.1	530	0.0	5	0.0		
2	5	24	13	58	6.3	535	0.3	5	3.1		

填表说明：

【降水次序】降雨发生的次序，不包括未达雨量摘录标准的降雨。

【月、日、时、分】用整数表示，指一次降雨的断点时刻。

【累积雨量】一次降雨开始时刻到当前时刻的累积雨量，单位为 mm，保留 1 位小数。

【累积历时】一次降雨开始时刻到当前时刻的累积时间，单位为 min，保留整数。

【雨量】填写上一时刻到当前时刻的累积雨量，单位为 mm，保留 1 位小数。

【历时】填写上一时刻到当前时刻的时间，单位为 min，保留整数。

【雨强】填写上一时刻到当前时刻的降雨强度，单位为 mm/h，保留 1 位小数。

【I_{30}】本次降雨的最大 30min 雨强，保留 1 位小数。

【降雨侵蚀力】本次降雨的降雨侵蚀力，保留 1 位小数。

（3）小流域控制站逐日平均流量表。根据小流域流量数据整理并填入逐日平均流量表，见表 8.14。

表 8.14　　　×××小流域 2 号控制站　逐日平均流量表　　流量单位：m³/s

日	1 月	2 月	3 月	4 月	5 月	6 月	7 月	8 月	9 月	10 月	11 月	12 月	日
1				0.908									1
2				1.159									2
3													3
4													4
5													5
6													6
7													7
8													8
9													9

续表

日	1月	2月	3月	4月	5月	6月	7月	8月	9月	10月	11月	12月	日
10													10
11													11
12													12
13													13
14													14
15													15
16						8.514							16
17													17
18													18
19													19
20			0.002										20
21			0.007										21
22			0.007										22
23			0.005										23
24			0.002										24
25			0.004										25
26			0.000										26
27													27
28													28
29						0.853							29
30													30
31													31
平均流量			0.004	1.033		4.684							平均流量
最大流量			0.007	1.159		8.514							最大流量
日期			3月21日	4月2日		6月16日							日期
最小流量			0.0002	0.9080		0.853							最小流量
日期			3月26日	4月1日		6月29日							日期

年统计	最大流量	8.514	日期	6月16日	最小流量	0.00020	日期	3月26日	平均流量	1.042		年统计
	径流量/m³	3657.57			径流模数/[m³/(s·km²)]	10.16			径流深/mm	1.02		

（4）小流域控制站逐日平均含沙量（悬移质）表。根据小流域逐日径流泥沙（悬移质）数据整理并填入逐日平均含沙量（悬移质）表，见表 8.15。

表 8.15   ×××小流域 2 号控制站   逐日平均含沙量（悬移质）表   单位：g/L

日	1 月	2 月	3 月	4 月	5 月	6 月	7 月	8 月	9 月	10 月	11 月	12 月	日
1				1.843									1
2				0.955									2
3													3
4													4
5													5
6													6
7													7
8													8
9													9
10													10
11													11
12													12
13													13
14													14
15													15
16						9.10							16
17													17
18													18
19													19
20			0.708										20
21			0.300										21
22			0.124										22
23			0.011										23
24			0.468										24
25			0.409										25
26			0.222										26
27													27

续表

日	1月	2月	3月	4月	5月	6月	7月	8月	9月	10月	11月	12月	日
28													28
29						5.75							29
30													30
31													31
平均含沙量			0.32	1.40		7.43							平均含沙量
最大含沙量			0.71	1.84		9.10							最大含沙量
日期			3月24日	4月1日		6月16日							日期
最小含沙量			0.01	0.95		5.75							最小含沙量
日期			3月20日	4月2日		6月29日							日期
年统计	最大含沙量	9.10	日期	6月16日	最小含沙量	0.01	日期	3月23日	平均含沙量	1.81			年统计

（5）小流域逐日产沙模数（悬移质）表。根据小流域逐日径流泥沙（悬移质）计算并填入逐日产沙模数（悬移质）表，见表 8.16。

表 8.16　　×××小流域 2 号控制站　逐日产沙模数（悬移质）表　　单位：t/hm²

日	1月	2月	3月	4月	5月	6月	7月	8月	9月	10月	11月	12月	日
1				0.001									1
2				0.0005									2
3													3
4													4
5													5
6													6
7													7
8													8
9													9

续表

日	1月	2月	3月	4月	5月	6月	7月	8月	9月	10月	11月	12月	日
10													10
11													11
12													12
13													13
14													14
15													15
16						0.032							16
17													17
18													18
19													19
20			0.0002										20
21			0.0005										21
22			0.0002										22
23			0.00002										23
24			0.0001										24
25			0.0002										25
26			0.000003										26
27			0.0007										27
28													28
29						0.002							29
30				0.0005									30
31													31
平均产沙模数			0.0002	0.001		0.017							平均产沙模数
最大产沙模数			0.001	0.001		0.032							最大产沙模数
日期			3月25日	4月1日		6月16日							日期
年统计	最大产沙模数	0.032	日期	6月16日	最小产沙模数	0.000	日期	4月2日	平均产沙模数	0.003	年统计		

（6）小流域径流泥沙过程（悬移质）表。根据小流域径流泥沙（悬移质）计算并填入径流泥沙过程（悬移质）表，见表8.17。

表8.17　　　　　×××　径流泥沙过程（悬移质）表

降水次序	径流次序	月	日	时	分	水位/cm	流量/(m³/s)	含沙量/(g/L)	时段/min	累积径流深/mm	累积产沙/(t/hm²)
	1	3	20	11	30	4	0.001	0.4			
	1	3	20	12	30	5	0.001	0.3	60	0.001	0.000004
	1	3	20	13	30	5	0.001	0.1	60	0.003	0.00001
	1	3	20	14	30	5	0.001	0.3	60	0.004	0.00001
	1	3	20	16	30	6	0.002	2.0	120	0.01	0.0001
	1	3	20	18	30	7	0.004		120	0.02	0.0001
	1	3	20	20	30	5	0.001	0.5	120	0.02	0.0002
	1	3	20	22	30	5	0.001	0.9	120	0.03	0.000001
	1	3	21	4	30	4	0.001	0.0	360		
	2	3	21	8	30	4	0.001	0.2			
	2	3	21	10	30	5	0.001	0.2	120	0.002	0.00000001
	2	3	21	11	30	7	0.004	0.3	60	0.005	0.00000003
	2	3	21	12	30	9	0.007	2.0	60	0.01	0.0001
	2	3	21	13	30	9	0.007	0.4	60	0.02	0.0002
	2	3	21	14	30	10	0.01		60	0.03	
	2	3	21	16	30	15	0.03	0.0	120	0.1	0.0002
	2	3	21	18	30	12	0.02	0.4	120	0.1	0.0003
	2	3	21	22	30	7	0.004	0.2	240	0.1	0.0004
	2	3	21	24	30	7	0.004	0.0	120	0.2	0.0004
	2	3	22	4	30	7	0.004	0.1	240	0.2	0.0004
	3	3	22	6	0	11	0.01	0.0			
	3	3	22	8	0	11	0.01	0.1	120	0.02	0.00001
	3	3	22	10	0	5	0.001	0.3	120	0.04	0.00002
	3	3	22	11	0	5	0.001	0.2	60	0.04	0.00003
	3	3	22	12	0	5	0.001	0.2	60	0.04	0.00003
	3	3	22	13	0	7	0.004	0.0	60	0.04	0.00003
	3	3	22	14	0	9	0.007	0.0	60	0.05	0.00003

续表

降水次序	径流次序	月	日	时	分	水位/cm	流量/(m³/s)	含沙量/(g/L)	时段/min	累积径流深/mm	累积产沙/(t/hm²)
	3	3	22	16	0	11	0.012	0.3	120	0.1	0.0001
	3	3	22	18	0	8	0.005	0.0	120	0.1	0.0001
	3	3	22	20	0	11	0.01	0.2	120	0.1	0.0001
	3	3	22	22	0	11	0.01	0.0	120	0.1	0.0002
	3	3	23	4	0	11	0.01	0.1	360	0.2	0.0002
	4	3	23	6	0	11	0.012	0.0			
	4	3	23	13	0	5	0.001	0.0	420	0.05	0.000000
	4	3	23	14	0	5	0.001	0.1	60	0.05	0.000001
	4	3	23	16	0	5	0.001	0.1	120	0.1	0.000004
	4	3	23	18	0	5	0.001	0.2	120	0.1	0.00001
	4	3	23	20	0	6	0.002	0.3	120	0.1	0.00002
	4	3	23	22	0	7	0.004	0.6	120	0.1	0.0000001
	5	3	24	13	0	5	0.001	4.4			
	5	3	24	14	0	5	0.001	0.0	60	0.001	0.00003
	5	3	24	16	0	8	0.005	0.5	120	0.01	0.0001
	5	3	24	18	0	6	0.002	0.3	120	0.02	0.0001
	5	3	24	20	0	5	0.001	0.3	120	0.02	0.0001
	5	3	24	22	0	4	0.001	0.0	120	0.02	0.0001
	6	3	25	11	0	5	0.001	0.0			
	6	3	25	12	0	6	0.002	0.2	60	0.002	0.000002
	6	3	25	13	0	9	0.007	0.4	60	0.01	0.00002
	6	3	25	14	0	9	0.007	0.2	60	0.01	0.00005
	6	3	25	16	0	9	0.007	0.8	120	0.03	0.0001
	6	3	25	18	0	8	0.005	0.3	120	0.04	0.0002
	6	3	25	20	0	6	0.002	0.1	120	0.05	0.0002
	6	3	25	22	0	4	0.001	0.1	120	0.05	0.0002
	7	3	26	12	0	3	0.0003	0.1			
	7	3	26	13	0	3	0.0003	0.3	60	0.0003	0.000001
	7	3	26	14	0	3	0.0003	0.2	60	0.001	0.000001
	7	3	26	16	0	2	0.0001	0.2	120	0.001	0.000002

续表

降水次序	径流次序	月	日	时	分	水位/cm	流量/(m³/s)	含沙量/(g/L)	时段/min	累积径流深/mm	累积产沙/(t/hm²)
	7	3	26	18	0	2	0.0001	0.3	120	0.001	0.000003
	7	3	26	20	0	1	0.00001	0.2	120	0.001	0.000003
	8	4	1	16	25	3	0.0003	1.9			
	8	4	1	23	10	11	0.0003	2.0	15.0	0.0001	0.000002
	8	4	2	1	10	10	0.001	2.2	15.0	0.0002	0.000005
	8	4	2	3	10	7	0.001	2.1	15.0	0.001	0.00001
	8	4	2	5	10	5	0.001	1.1	30.0	0.001	0.00002
	8	4	2	7	10	5	0.002	2.0	30.0	0.002	0.00004
	8	4	2	11	10	3	0.002	1.7	30.0	0.003	0.0001
	8	4	2	15	10	3	0.004	2.0	30.0	0.005	0.0001
3	9	6	16	13	55	47	0.01	1.0	60.0	0.01	0.0002
3	9	6	16	14	10	41	0.01	2.2	60.0	0.02	0.0003
3	9	6	16	14	25	35	0.01	2.2	60.0	0.03	0.0005
3	9	6	16	14	40	31	0.01	1.4	60.0	0.04	0.001
3	9	6	16	15	10	23	0.01	1.2	120.0	0.1	0.001
	9	6	16	15	40	17	0.004	0.4	120.0	0.1	0.001
	9	6	16	16	10	15	0.001	0.3	120.0	0.1	0.001
	9	6	16	16	40	7	0.001	0.4	120.0	0.1	0.001
4	10	6	29	15	35	5					
4	10	6	29	15	50	15	0.0003	0.5	240.0	0.1	0.001
4	10	6	29	16	5	11	0.0003	0.0	240.0	0.1	0.001
4	10	6	29	16	20	11	0.51	14.3			
4	10	6	29	16	50	15	0.36	11.5	15.0	0.1	0.014
							0.24	8.9	15.0	0.2	0.022
4	10	6	29	17	20	10					
4	10	6	29	17	50	7	0.18	6.6	15.0	0.2	0.026
4	10	6	29	18	20	5	0.08	4.3	30.0	0.3	0.030

（7）小流域逐次洪水径流泥沙（悬移质）表。根据小流域气象数据、径流泥沙数据填写逐次洪水径流泥沙（悬移质）表，见表8.18。

表 8.18

×××逐次洪水径流泥沙（悬移质）表

径流次序	降雨起 月	日	时	分	降雨止 日	时	分	历时 /min	雨量 /mm	平均雨强 /(mm/h)	I_{30} /(mm/h)	降雨侵蚀力 /[MJ·mm/(hm²·h)]	产流起 日	时	分	产流止 日	时	分	产流历时 /min	洪峰流量 /(m³/s)	径流深 /mm	径流系数	含沙量 /(g/L)	产沙模数 /(t/hm²)	备注
1													20	11	30	21	4	30	1020	0.004	0.03		0.7	0.0002	融雪
2													21	8	30	22	4	30	1200	0.028	0.17		0.3	0.0004	融雪
3													22	6	0	23	4	0	1320	0.012	0.20		0.1	0.0002	融雪
4													23	6	0	23	22	0	960	0.012	0.07		0.1	0.0001	融雪
5													24	13	0	24	22	0	540	0.005	0.02		0.5	0.0001	融雪
6													25	11	0	25	22	0	660	0.007	0.05		0.4	0.0002	融雪
7													26	12	0	26	20	0	480	0.000	0.00		0.2	0.0000	融雪
8													1	16	25	2	15	10	1365	0.001	0.09		1.3	0.0012	融雪
9	6	29	11	25	16	15	10	225	39.1	10.4	43.2	418.5	16	13	55	16	16	40	165	0.507	0.35	0.01	9.1	0.0323	降雨
10	6	29	14	20	30	8	45	1105	24.1	1.3	15.8	74.2	29	15	35	29	18	20	165	0.028	0.04	0.00	5.8	0.0020	降雨
合计								1330	63.2												1.02			0.037	
平均								665	32												0.102			0.004	

（8）小流域土壤含水量表。将监测期内测定的提让含水量填入流域土壤含水量表，见表8.19。此表与8.2.2.7节径流小区土壤含水量和植被盖度表中土壤含水量部分填法相同。

表 8.19 ××× 流域土壤含水量表

测点	测次	月	日	土壤深度/cm	重量含水量/%	体积含水量/%	两测次间降水/mm
1							
2							
3							

（9）小流域控制站年径流泥沙（悬移质）表。根据小流域气象数据、径流泥沙数据填写小流域控制站年径流泥沙（悬移质）表，见表8.20。

表 8.20 ××× 小流域控制站年径流泥沙（悬移质）表

全国水土保持区划一级分区	小流域名称	流域面积/km²	降雨量/mm	降雨侵蚀力/[MJ·mm/(hm²·h)]	径流深/mm	径流系数	产沙模数/(t/km²)	备注
东北黑土区	黑龙江省嫩江县九三鹤北小流域（2号控制站）	3.6			0.63		0.002	融雪
		3.6	200.8	634.5	0.39	0.00	0.034	降雨
		3.6			1.02		0.036	全年

填表说明：

【小流域名称】填写监测小流域的名称。

【流域面积】监测流域的面积，保留1位小数。

【降雨量】单位为mm，保留1位小数。

【降雨侵蚀力】单位为mm，保留1位小数。

【径流深】浑水径流深，保留2位小数。

【径流系数】浑水径流系数，保留2位小数。

【产沙模数】保留3位小数。

附录 A

径流小区整编表

附表 A.1　　　　　×××径流小区逐日降水量表

日	1月	2月	3月	4月	5月	6月	7月	8月	9月	10月	11月	12月	日
1													1
2													2
3													3
4													4
5													5
6													6
7													7
8													8
9													9
10													10
11													11
12													12
13													13
14													14
15													15
16													16
17													17

日	1月	2月	3月	4月	5月	6月	7月	8月	9月	10月	11月	12月	日
18													18
19													19
20													20
21													21
22													22
23													23
24													24
25													25
26													26
27													27
28													28
29													29
30													30
31													31
降水量/mm													降水量/mm
降水日数													降水日数
最大日降水量/mm													最大日降水量/mm

年统计	降水量/mm		日数		最大日降水量/mm		日期		最大月降水量/mm		月份	
	最大次雨量/mm		历时/min		I_{30}/(mm/h)		日期		最大降雨侵蚀力/[MJ·mm/(hm²·h)]		日期	
	初雪日期				终雪日期							

附表 A. 2　　　　　　　　×××径流小区降水过程摘录表

降水次序	月	日	时	分	累积雨量/mm	累积历时/min	时段降雨			I_{30}/(mm/h)	降雨侵蚀力/[MJ·mm/(hm²·h)]
							雨量/mm	历时/min	雨强/(mm/h)		
...											

附表 A. 3

ＸＸＸ站径流小区基本情况（农地）表

小区号	试验目的/(°)	坡度坡长/(°) /m	坡宽面积/m²	坡向/(°)	坡位	土壤类型	土层厚度/cm	水保措施①	整地方法	作物	播种方法	施肥纯量/(kg/hm²)	垄距/cm	株×行距/cm	密度/(株/hm²)	播种日期	中耕日期	收割日期	产量/(kg/hm²) 粮食	产量/(kg/hm²) 秸秆	测流设备
⋮																					

① 水土保持措施的类型、规格和数量等应在资料说明中描述。

附表 A.4

×××站径流小区基本情况（林地）表

小区号	试验目的	坡度/(°)	坡长/m	坡宽/m	面积/m²	坡向/(°)	坡位	土壤类型	土层厚度/cm	水保措施[①]	树种	造林方法	株×行距/cm	树龄/a	平均树高/cm	平均胸径/cm	平均树冠直径/cm	郁闭度	林下植被类型	林下植被主要种类	盖度	林下植被平均高度/cm	测流设备
⋮																							

① 水土保持措施的类型、规格和数量等应在资料说明中描述。

附表 A.5　×××站径流小区基本情况（灌草地）表

小区号	试验目的	坡度/(°)	坡长/m	坡宽/m	面积/m²	坡向/(°)	坡位	土壤类型	土层厚度/cm	灌草种类	播种日期	播种方法	收割时间	生物量/(kg/hm²)	收草产量/(kg/hm²)	盖度/%	平均高度/cm	测流设备
⋮																		

附表 A.6　　　　　　　　　　站径流小区田间管理表

小区号	试验目的	日期	田间操作	工具	土壤耕作深度/cm	备注
...						

附表 A.7

×××站径流小区逐次径流泥沙表

小区号	降雨起			降雨止			历时 /min	雨量 /mm	平均雨强 /(mm/h)	I_{30} /(mm/h)	降雨侵蚀力 /[MJ·mm /(hm²·h)]	径流深 /mm	径流系数	含沙量 /(g/L)	土壤流失量 /(t/hm²)	雨前土壤含水量 /%	雨后土壤含水量 /%	植被盖度 /%	平均高度 /m	备注
	月	日	时:分	月	日	时:分														
⋮																				

附表 A. 8 ×××站径流小区逐年径流泥沙表

小区号	坡度/(°)	坡长/m	坡宽/m	土地利用	水土保持措施	降水量/mm	降雨侵蚀力/[MJ·mm/(hm²·h)]	径流深/mm	径流系数	土壤流失量/(t/hm²)	备注
...											

附表 A.9　　　×××站径流小区土壤含水量和植被盖度表

小区号	测次	年	月	日	土壤深度 /cm	土壤含水量 /%	两测次间降水 /mm	植被盖度 /%	植被平均高度 /m	备注
...										

附录 B

小流域整编表

附表 B.1　　　　　×××小流域逐日降水量表

日	1月	2月	3月	4月	5月	6月	7月	8月	9月	10月	11月	12月	日
1													1
2													2
3													3
4													4
5													5
6													6
7													7
8													8
9													9
10													10
11													11
12													12
13													13
14													14
15													15
16													16
17													17

续表

日	1 月	2 月	3 月	4 月	5 月	6 月	7 月	8 月	9 月	10 月	11 月	12 月	日
18													18
19													19
20													20
21													21
22													22
23													23
24													24
25													25
26													26
27													27
28													28
29													29
30													30
31													31
降水量 /mm													降水量 /mm
降水 日数													降水 日数
最大日 降水量 /mm													最大日 降水量 /mm

年统计	降水量 /mm		日数		最大日降水量 /mm		日期		最大月降水量 /mm		月份	
	最大次 雨量/mm		历时 /min		I_{30} /(mm/h)		日期		最大降雨侵蚀力/[MJ·mm/(hm²·h)]		日期	
	初雪日期				终雪日期							

附表 B. 2 ×××小流域降水过程摘录表

降水次序	月	日	时	分	累积雨量/mm	累积历时/min	时段降雨			I_{30}/(mm/h)	降雨侵蚀力/[MJ·mm/(hm²·h)]
							雨量/mm	历时/min	雨强/(mm/h)		
...											

附表 **B. 3**　　　　　×××流域控制站逐日平均流量表　　　流量单位：m³/s

日	1月	2月	3月	4月	5月	6月	7月	8月	9月	10月	11月	12月	日
1													1
2													2
3													3
4													4
5													5
6													6
7													7
8													8
9													9
10													10
11													11
12													12
13													13
14													14
15													15
16													16
17													17
18													18
19													19
20													20
21													21
22													22
23													23
24													24
25													25
26													26
27													27
28													28
29													29
30													30
31													31
平均流量													平均流量
最大流量													最大流量
日期													日期
最小流量													最小流量
日期													日期

年统计	最大流量		日期		最小流量		日期		平均流量				年统计
	径流量/m³				径流模数/[t/(a·km²)]				径流深/mm				

附表 B.4 ×××流域控制站逐日平均含沙量（悬移质）表 单位：g/L

日	1月	2月	3月	4月	5月	6月	7月	8月	9月	10月	11月	12月	日
1													1
2													2
3													3
4													4
5													5
6													6
7													7
8													8
9													9
10													10
11													11
12													12
13													13
14													14
15													15
16													16
17													17
18													18
19													19
20													20
21													21
22													22
23													23
24													24
25													25
26													26
27													27
28													28
29													29
30													30
31													31
平均含沙量													平均含沙量
最大含沙量													最大含沙量
日期													日期
最小含沙量													最小含沙量
日期													日期
年统计	最大含沙量		日期		最小含沙量		日期		平均含沙量				年统计

附表 B.5　　　×××流域逐日产沙模数（悬移质）表　　　单位：t/hm²

日	1 月	2 月	3 月	4 月	5 月	6 月	7 月	8 月	9 月	10 月	11 月	12 月	日
1													1
2													2
3													3
4													4
5													5
6													6
7													7
8													8
9													9
10													10
11													11
12													12
13													13
14													14
15													15
16													16
17													17
18													18
19													19
20													20
21													21
22													22
23													23
24													24
25													25
26													26
27													27
28													28
29													29
30													30
31													31
平均产沙模数													平均产沙模数
最大产沙模数													最大产沙模数
日期													日期
年统计	最大产沙模数		日期		最小产沙模数		日期		平均产沙模数				年统计

附表 B.6　　　　　×××流域径流泥沙过程（悬移质）表

降水次序	径流次序	月	日	时	分	水位/cm	流量/(m³/s)	含沙量/(g/L)	时段/min	累积径流深/mm	累积产沙/(t/hm²)
...											

附表 B.7 ×××流域逐次洪水径流泥沙（悬移质）表

径流次序	降雨起			降雨止			历时 /min	雨量 /mm	平均雨强 /(mm/h)	降雨侵蚀力 I_{30} /(mm/h)	降雨侵蚀力 /[MJ·mm/(m²·h)]	产流起			产流止			产流历时 /min	洪峰流量 /(m³/s)	径流深 /mm	径流系数	含沙量 /(g/L)	产沙模数 /(t/hm²)	备注
	月	日	时	分	日	时	分						日	时	分	日	时	分							
⋮																									
合计																									
平均																									

附表 B. 8　　　　　×××流域年径流泥沙（悬移质）表

年份	流域名称	流域面积 /km²	降雨量 /mm	降雨侵蚀力 /[MJ·mm/(hm²·h)]	径流深 /mm	径流系数	产沙模数 /(t/hm²)	备注
...								

附表 B. 9   ××× 流域年土壤含水量表

测点	测次	月	日	土壤深度 /cm	重量含水量 /%	体积含水量 /%	两测次间降水 /mm
...							

参 考 文 献

［1］ 水利部水土保持监测中心. 径流小区和小流域水土保持监测手册［M］. 北京：中国水利水电出版社，2015.

［2］ 水利部水土保持监测中心. 水土保持监测技术指标体系［M］. 北京：中国水利水电出版社，2006.

［3］ 张建军，朱金兆. 水土保持监测指标的观测方法［M］. 北京：中国林业出版社，2013.

［4］ 李世泉，王岩松. 东北黑土区水土保持监测技术［M］. 北京：中国水利水电出版社，2008.

［5］ 郭索彦，李智广. 我国水土保持监测的发展历程与成就［J］. 中国水土保持科学，2009，7（5）：19－24.

［6］ 张新玉，鲁胜力，王莹，等. 我国水土保持监测工作现状及探讨［J］. 中国水土保持，2014（4）：6－9.

［7］ 曹文华，罗志东. 水土保持监测站点规范化建设与运行管理的思考［J］. 水土保持通报，2009，29（2）：114－116.

［8］ 左长清，郭乾坤. 关于径流小区若干技术问题的研究［J］. 中国水土保持，2016（6）：43－47.

［9］ 李月，周运超，白晓永，等. 径流小区法监测水土流失的百年历程（1915—2014年）［J］. 中国水土保持，2014（12）：63－65.

［10］ 谢颂华，方少文，王农. 水土保持试验径流小区设计探讨［J］. 人民长江，2013，44（17）：83－86.

［11］ 符素华，付金生，王晓岚，等. 径流小区集流桶含沙量测量方法研究［J］. 水土保持通报，2003，23（6）：39－41.

［12］ 中华人民共和国水利部. 水土保持监测技术规程：SL 277—2002［S］. 北京：中国水利水电出版社，2002.

［13］ 中华人民共和国水利部. 水土保持监测设施通用技术条件：SL 342—2006［S］. 北京：中国水利水电出版社，2006.

［14］ 中华人民共和国水利部. 土壤侵蚀分类分级标准：SL 190—2007［S］. 北京：中国水利水电出版社，2008.

［15］ 中华人民共和国水利部. 水文测量规范：SL 58—2014［S］. 北京：中国水利水电出版社，2014.